游戏敏捷
教练引导艺术

甘争光◎著

清华大学出版社
北 京

内 容 简 介

本书创造性地从非游戏化的敏捷转型过程中抽象出游戏元素,组合成行之有效的游戏机制。依托于这种独创性的游戏框架,团队更容易实现敏捷转型。全书包含 6 章,主题涵盖重塑认知、敏捷学习、价值观目标、团队回顾和团队成长。透过这些有重点、有意思的游戏,敏捷 Scrum 框架中的关键知识点、流程和重要工具,敏捷 Scrum 价值观及各类引申目标得以顺利落地并转化为实践。同时,借助于书中包含敏捷转型过程中的常见场景和常见问题,作者给出了自己的游戏化解决方案。这样的架构对于读者来讲,具有现实性的参考意义。本书适合正在考虑或进行敏捷转型的组织和团队使用。

图书在版编目 (CIP) 数据

游戏敏捷:教练引导艺术 / 甘争光著 . —北京:清华大学出版社 , 2021.1
ISBN 978-7-302-57204-6

Ⅰ. ①游…　Ⅱ. ①甘…　Ⅲ. ①软件开发—项目管理　Ⅳ . ① TP311.52

中国版本图书馆 CIP 数据核字 (2020) 第 262169 号

责任编辑:文开琪
装帧设计:李 坤
责任校对:周剑云
责任印制:杨 艳
出版发行:清华大学出版社
　　　　网　　址:http://www.tup.com.cn, http://www.wqbook.com
　　　　地　　址:北京清华大学学研大厦 A 座　　　　邮　　编:100084
　　　　社 总 机:010-62770175　　　　　　　　　　邮　　购:010-62786544
　　　　投稿与读者服务:010-62776969, c-service@tup.tsinghua.edu.cn
　　　　质量反馈:010-62772015, zhiliang@tup.tsinghua.edu.cn
印 装 者:三河市中晟雅豪印务有限公司
经　　销:全国新华书店
开　　本:178mm×230mm　　印　张:22　　插　页:8　　字　数:497 千字
版　　次:2021 年 1 月第 1 版　　　　　　　印　次:2021 年 1 月第 1 次印刷
定　　价:69.80 元

产品编号:086287-01

致谢

感谢上海敏捷社区中澎、Lucy以及刘丛等广大志愿者。作者阿甘来自上海敏捷社区。上海敏捷社区是敏捷人普遍认可的优秀团队，他们将海派文化中的积极、热情、开放和传承交融在一起，深度参与社区的建设和成长。与此同时，更生发了一大批优秀的志愿者，他们全情而入，彼此链接、支持和成长，一次又一次全身心的参与和真诚的奉献，成为光，照亮一次又一次大大小小的社区活动。他们自愿而来，在此拓宽链接，成就彼此，不仅促进了社区的进一步繁荣，还从此开启了崭新的敏捷之旅，他们的过去、现在和将来，将深深地烙上敏捷与我们同在的标签。经过商议，我们特别在此呈现出上海敏捷社区志愿者的风采，愿原力与我们同在！

前言

　　我还清晰地记得刚开始给团队进行敏捷培训时的场景。干巴巴的文字，能够看得到头的 PPT，一遍又一遍话术式的复述，似乎毫无趣味。可以总结为当时只是在讲理论或者说是在背诵理论。后来，我开始在讲授中加一些案例，希望让自己讲授的内容更加立体，更容易理解和接受。但是，讲的时间长了，自己也觉得没有意思，不好玩。

　　想想自己在外面接受培训时，一些培训老师会带着我们玩儿游戏，在游戏中让大家感悟所讲理论的优势与魅力。想想自己接触过的游戏只是服务于敏捷开发价值的体现，服务于敏捷迭代改进，服务于产品的价值交付，比较零碎，缺乏系统性。在实际的敏捷团队辅导过程中，所涉及的方方面面远远不止这些，有更多的主题可以用游戏来体现，在每个迭代中发现的问题也可以通过游戏化的方式来演绎和诠释，让团队成员在游戏中感悟，在感悟中成长，而不是永远死板采用一样的敏捷知识传播与回顾模式。于是，我开始收集和策划这样的一些游戏，先在自己的团队中玩儿，看看效果如何，然后结合玩儿的效果，查阅国内外一些关于游戏化的书籍，对游戏的理论框架和关键点进行完善。

游戏 + 漫画

为了使游戏更加直观、容易理解和接受，我还找了漫画老师木子（李洁），把我的游戏场景构想和文案等内容告诉她，请她帮我画插图。我想在自己的努力和漫画老师的帮助下出这样的一本书，包含敏捷传播过程中各个场景和各个可能遇到问题的游戏化手册，来使敏捷培训更加有趣、好玩儿、有价值，这就是我的第一个写作驱动力。

我们在传播敏捷时，其大部分的受众是成年人，由于受固有知识体系与经验的影响，其思想比较难被影响，其固有的价值观和思维方式比较难接受新的事物，或是有一种逆反心理，这种逆反使其产生了抗拒，抗拒新思想、新事物对其造成的影响。

成年人的学习游戏

我们知道，单纯的敏捷 Scrum 方法论只有 3355 和 12 条原则，这些极具概括性的理论知识可能只需要几分钟就可以看完，但可能看的只是文字表面的意思。这种表面的知识宣贯能被成年人所接受吗？作为敏捷教练的我们，在传播时，需要具有极强的演绎诠释能力，通过对基础理论不断的发散与引申，来阐述每一个概念背后的深层意义与实践要领。但我们发现，这个引申与诠释的过程依然是理论的讲解与案例的输出，主动灌输居多，引导思考居少。这样，问题就来了，成年人表现出的兴趣并不够强烈，或是对概念的理解依然停留在表层，悟的时间比较少，缺少由内向外的感悟。不是悟出来的，有可能就不是来自内心的真实反馈，没有触动心灵、直达内心，这就是成年人理论传播的困难性所在，都认为自己很懂，听听可以，只听表面，很难真正的接受和改变，缺少感悟和深层体会。因此，在时间和精力有限的情况下，成人学员渴望能有一种更具目标导向的、更加轻松和灵活多变的学习模式来提升学习的兴趣和效率。

游戏化学习把知识或技能进行了简化、片段化处理、分段式练习，把完整和体系化的敏捷理论分解成相对独立的细小知识点。每个知识点都专注于各自的学习主题，降低了学习过程的疲惫和低效，让学员可以更加快速了解、掌握相关知识，更快地实现学以致用，有效提升成人学员的学习兴趣。使其在游戏的过程中自己琢磨、学习和感悟。此外，借助游戏，使成人学员的头脑中建立起视觉线索，快速回忆起在某个具体的场景下如何应用相关的敏捷知识，从而促进对知识的掌握。我也是希望通过游戏化的方式来解决这个敏捷在成年人中传播困难的问题，使成年敏捷学习者在游戏中获得更多的感悟，获得那种触及心灵的体验，这就是我的第二个写作驱动力。

游戏化回顾

作为团队的敏捷教练，在每个迭代结束时，我们需要完成第五项活动：开回顾会。敏捷 Scrum 方法论中的标准回顾会是使用便利贴，团队成员在便利贴上写上迭代过程中发现的优点项、改进项、禁止项，然后逐个问题进行剖析。团队成员群策群力，具体问题具体分析，针对发现的问题分别提出解决方案。

这种回顾方式在团队转型的初期非常的有用，可以有效地帮助团队发现迭代中的问题，帮助团队改进和提升。但是，当一个团队已经完成敏捷开发转型，并且已经持续辅导了半年或一年时间，团队中还会存在很多问题吗？答案是否定的。随着迭代的持续推进，团队中的问题相对来讲会越来越少，可以被发现或是可以被有效解决的问题也会变少，而大多存在的是价值观层面的问题，是意识层面的问题，是可小可大的常见问题，这些问题的改进虽然需要原则的保证，但更多的是看内心的意愿，就比如自测的好与坏，与是不是自测了，这两者的区别。有些问题反复说有可能会反复发生，经常反弹。所以，这时标准的回顾方式可能已经不行了，有可能团队成员也腻了，需要新的、更有意思的回顾方式，团队成员此时需要的已经不是由外向内，而是由内向外的改进意愿驱动，这时，游戏化的回顾方式就变得很有必要了，这也是游戏化回顾的优势所在。这就是我的第三个写作驱动力。

目标读者

这本书的主要服务对象是社群、辅导机构或公司中的敏捷知识传播者、实践者，我们在此统称为敏捷教练。当然也不排除公司内部的HR、市场、研发团队中的项目经理等角色使用本书中的游戏。

书中涵盖敏捷理论知识传播与团队持续辅导提升过程中常关注到的主题。比如与敏捷理论知识相关的角色与使命、用户故事粒度、用户故事优先级排序、物理看板、迭代时间盒、敏捷 Scrum 价值观等。比如与团队持续辅导提升相关的团队内部协作、跨团队协作、等待浪费、情绪管理等，这些主题或者与敏捷理论知识学习相关，或者与团队的持续辅导提升相关，并且都实现了游戏化、场景化。敏捷教练不需要多想，不需要再单独策划，可以直接拿起来放在团队用。

书中还给出了具体的可变化场景，敏捷教练也可以基于自己团队的实际情况进行灵活调整，以使游戏的适用性更强。这本书不仅可以帮助敏捷教练提升培训课堂的趣味性，也可以帮助敏捷教练提升团队回顾改进的趣味性，使传播不再枯燥，使敏捷不再枯燥。

写作风格、特色和内容

本书共包含 6 章。

- 第 1 章讲解什么是游戏化敏捷及在游戏化敏捷过程中对敏捷教练的期待。
- 第 2 章讲解在真正接触敏捷前，如何引导团队成员对敏捷、对变化、对自己、对团队进行重新认知。
- 第 3 章涵盖了敏捷 Scrum 框架中的关键知识点、流程和重要工具。
- 第 4 章则重点围绕敏捷 Scrum 价值观展开，融合了部分引申目标，如加强团队自管理、注重承诺与多做双向沟通等。

- 第 5 章主要服务于已转型敏捷开发团队的回顾会，涵盖了迭代开发过程中常出现的协作配合、流程不畅、等待浪费等关键主题。
- 第 6 章主要是用来帮助团队成员持续提升和成长，围绕 T 型人才、系统性思考、发散思维等展开。

全书逻辑流畅，覆盖面广，可操作性、实用性强。

本书强调游戏化敏捷、引导式学习，不包含任何纯理论敏捷知识点，所有与敏捷相关的知识点、价值观、回顾成长、注意事项、关键过程、核心工具都是通过游戏化和场景化的方式呈现。所有与敏捷团队回顾提升改进相关的主题，依然策划成为游戏。寓教于乐，期待团队成员可以在游戏中学习，在游戏中改进和提升。

此外，本书中每一个游戏都采用了相同的游戏框架，这个游戏框架是我结合两个方面总结出来的，一方面是自己的敏捷开发转型实践经验，另一方面是国内外众多与游戏化有关联的著作和文献。因此，合理性得到了理论和实践上的验证，具有一定的可操作性和指导意义。

书中的游戏除采用了标准的文字阐述外，还加入了漫画插图，多幅插图拼接在一起，逻辑连贯，涵盖了游戏中的关键步骤，可以更加直观地诠释出整个游戏过程及游戏内涵，使游戏场景化、具象化，显得更加立体和直观。使整本书的可读性更强，更好玩儿，更容易被接受和吸收。

如何使用本书

本书为实操型书籍，适合直接使用，适合团队用。作为团队的敏捷教练，基于团队敏捷转型的各个环节，精选部分主题进行试用，融入在自己的培训或持续辅导中。当然，敏捷教练也可以在遇到问题时翻阅本书，看本书中有无可以解决自己问题的相关主题，或是对书中的主题进行引申和重新诠释。毕竟，主题可以在游戏中无限发散，只要引导好，主题就可以引向自己想要的方向。在使用本书前，建议敏捷教练要具备一定的引导能力，敏捷理论知识虽然是基础，但在敏捷游戏化的过程中，引导能力更加重要。

掌握敏捷理论知识，具备一定引导能力后，敏捷教练就可以开始使用本书。敏捷教练首先会甄选某个主题游戏，然后准备引导团队完成这个游戏，建议敏捷教练在游戏开始前先熟读游戏中的文字部分，特别是规则和步骤，一定要烂熟于心，做到熟能生巧，灵活应对，防止游戏中出现冷场和尴尬的场景。对于规则和步骤，也可以删改，对于可让也可以不让团队成员提前知晓的部分，敏捷教练一定要区分到位。对于书中的游戏，在玩前，不建议敏捷教练全部抄录后直接打印给团队成员看，建议只看规则，其他部分只留在教练的心里和脑里，这样，引申和诠释的空间更大，现场更好把控。

在使用本书的过程中，要注意敏捷游戏化传播的场景和时机选择问题，不是所有的情况都适合游戏，也不是敏捷培训的全程都是游戏，游戏太多了也会腻。游戏只是正常敏捷培训的有力补充，不可以完全替代常规培训。此道理也适用于敏捷回顾环节，在使用时要注意融合，要注意度的合理把握。

目录

第 3 章 敏捷学习

第 1 章
游戏化敏捷

    本章由浅入深，以游戏作为突破口，诠释游戏就是在快乐中学会某种本领的活动，进而引出游戏化思维，即把非游戏化的事物分解或抽象为游戏元素，然后把游戏元素巧妙地组合到游戏机制中并系统地运作。基于游戏化思维方式，我们开始探讨游戏化学习，即采用游戏化思维的方式进行学习，游戏化学习的特色明显，优势众多，整个敏捷转型的过程就是持续学习、持续提升的过程。我把敏捷游戏与敏捷学习结合起来，把辅导内容设计成游戏，明确游戏元素与游戏中的注意事项，采用游戏化的方式进行学习，从而激发敏捷团队成员学习的主观能动性，激荡思维、勇于尝试、勇于实践，进而更有效地学习敏捷知识，并在转型过程中通过反思、回顾、持续改进来不断完成自我的提升。

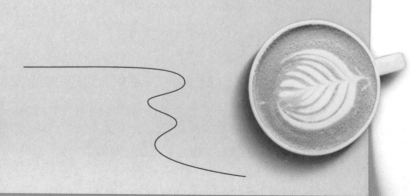

游戏化

游戏

我们先来看一看关于游戏的定义。柏拉图认为，游戏是一切幼子因为生活和能力跳跃需要而产生的有意识的模拟活动。亚里士多德则认为，游戏是劳作后的休息和消遣，本身不带有任何目的性。拉夫·科斯特更是认为，游戏是在快乐中学会某种本领的活动。辞海中关于游戏的定义是，游戏是以直接获得快感为主要目的且必须有主体参与互动的活动。

继续探寻后，我们发现，在动物世界里，游戏是各种动物熟悉生存环境、彼此相互了解、练习竞争技能进而获得"天择"的一种本能活动。在人类社会中，游戏不仅仅保留着动物本能活动的特质，更重要的是作为高等动物的人类，为了自身发展的需要，创造出多种多样的游戏活动。

综合查阅各种资料之后，我对游戏这两个简单的字产生了新的认知，我相信，游戏并非为娱乐而生，游戏和玩耍不一样，是可以进行明显区分的两个概念或者说是两个层级。我认同并相信游戏是一个严肃的人类自发活动，游戏有生存技能培训和智力培养的目标。所以，我选择赞同拉夫·科斯特的观点：游戏就是在快乐中学会某种本领的活动。而我们的游戏化敏捷，就是要在游戏的方式中、在游戏的快乐氛围中学会敏捷。

游戏化思维

我们知道，游戏可以让我们在快乐中学会某种本领，这太神奇了。但如果一件事本身不是游戏，而是多数人觉得很枯燥的工作和学习，如何才能变成游戏？这就需要我们有游戏化的思维，用游戏化的思维方式，把非游戏的事变成游戏的事。

在谈游戏化思维前，我们先来谈谈游戏化。这里的游戏化是指在非游戏应用中使用游戏的相关机制，目前比较广泛地应用在消费者导向的网站平台上，其目的是引导消费者更快、更好地接受，比如购物网站流行的红包雨、天天领现金、砍价免费拿、"盖楼"大挑战、"夺星"大挑战、全民开喵铺、城城分现金、瓜分 20 亿、养鲸鱼、种树和养小鸡等，这些游戏活动利用人类钟情于博弈的心理倾向，鼓励人们做一些索然无味的杂事，积极引导消费者进行购物平台所期待的引流与购物消费行为。

因此，我们可以把游戏化理解为借助游戏中的元素，将不是游戏的学习、工作和购物等等变成游戏，将游戏的机制运用到非游戏的领域中，通过游戏的思维和机制让学习、工作和购物等活动更有趣，让人们从不得不做的事情中发现乐趣，从而达到吸引受众和促进问题解决的目的，其根源是我们在玩游戏的时候，会有沉浸式的体验，是自愿参与，在游戏过程中还会产生荣誉、骄傲、自信或挫败等感受。游戏可以让我们体验到日常生活中体验不到的感觉，正是这种积极层面的参与和感受，是许多非游戏领域需要的，基于此，我产生了将游戏化带到敏捷开发转型实践中的想法。

游戏化思维则是指把非游戏化的事物分解或抽象为游戏元素，然后把游戏元素巧妙组合到游戏机制中并系统运作的思维方式。常见的游戏机制包括挑战、机会、竞争、合作、反馈、资源获取、奖励、交易、回合和胜负制等。游戏元素根据实际需求来分解，如右图所示的音乐楼梯，音乐楼梯就是把每一级台阶拆分为一个游戏元素。

在实际运用中，需要合理巧妙地把游戏元素融入游戏机制中，这是实现非游戏事务游戏化的前提。音乐楼梯把每一级台阶作为持续的反馈输出，使其被踩后能立即发出声音。游戏化是一整套系统，需要把多种机制匠心独妙地有机结合，而不是某个机制的单独应用。格式塔心理学认为，人对事物的理解来源于对其所有部分的整体感受。在游戏中，各游戏机制和游戏元素合为一体才是完整的游戏体验。

游戏化学习

游戏化学习就是采用游戏化思维的方式进行学习，游戏化学习的载体主要包括数字化游戏和游戏活动两类。由于受数字化开发技术和成本等方面的限制，目前主要的游戏化学习方式是指精心设计的游戏活动。在社会化学习理论中，行为可以通过观察和模仿学习，通过榜样的力量有效地影响并改变他人的行为、信仰或态度。游戏的易用性和重入性可以实现往复的学习体验，鼓励学习热情，不仅要向外学习经验，更要向内自我激发，实现知识和经验更高效的整合，从而提升对解决复杂和未知问题的驾驭能力。游戏化学习恰恰满足了这样一种学习趋势，为成人学习创设了一个开放场景，让成人在各种不确定性中探索可能性，从而增强针对现实性问题的思维能力和行动能力。

游戏化学习的基本特征

1. **游戏本身**：游戏就是那个让游戏玩家想要将时间、精力和金钱投入其中的活动载体，游戏化学习中的游戏可以供游戏玩家在既定的规则约束下进行情景式体验和感悟式学习，给游戏玩家带来高低起伏的情绪反应。

2. **游戏机制**：游戏化学习中的游戏中包含一些机制，如关卡、积分、规则、时间限定和竞争角逐等，这些机制是游戏中的关键组成部分，也是游戏妙趣横生的奥妙所在。

3. **注重参与感**：激发兴趣并让游戏玩家亲身参与是游戏化学习的

目标。自愿性、互动性和体验性是游戏化学习过程的典型特点，游戏化学习既可以是单一个体的体验式学习，也可以是群体性的交互体验式互助学习。在整个游戏过程中，非常注重游戏玩家的参与感。

4. **持续激励**：游戏化学习的核心是激发游戏玩家的学习成长意愿，通过设置难度逐步递进的关卡让游戏玩家保持持续学习和持续提升的热情。游戏过程中本身会有竞争机制，就包含对赢家的激励和对失败者的惩罚。不同阶段的游戏也会有不同的目的与其所对应的激励方式。通过持续激励的方式来持续激发玩家的兴趣也是游戏化学习的其中一个重要特征。

5. **促进学习**：游戏化学习是根植于教育心理学理论的实践，其形式看起来是游戏，但游戏只是一种依托，其本质是让游戏玩家在参与中行动与学习，促进学习效率的提升。

6. **解决问题**：游戏天然的协作特性能让多人聚焦解决同一个问题，而不是一个人孤军奋战。游戏中的红蓝对抗，又让其弥漫着火药味，这种竞争特性又能鼓励游戏玩家全力以赴去争取胜利，在解决问题的同时，又能让游戏参与者体验到激动与兴奋。

游戏化学习不仅是一个以游戏为媒介的充满趣味的学习形式，而且其过程远远超越了单纯意义上的"玩耍"，是一种独特而有效的思维方式、知识传播方式和学习方式。

游戏化敏捷

作为敏捷教练，我们在给团队传播敏捷基础理论知识与指导团队进行敏捷转型实践过程中，可以通过游戏化的方式把相关敏捷知识、过程改进事项与游戏进行有效融合，把基础敏捷知识学习与团队能力的持续提升设定成游戏目标，把敏捷知识学习小组变成敏捷游戏"玩耍"小组，给每位团队成员设定不同的角色和职责，成为游戏中的玩家。为每项学习行为定义经验值和积分，把学习敏捷知识的任务变成游戏中的挑战性任务。不仅如此，还赋予团队成员改造游戏规则的权

力，给团队成员极大的掌控感。通过一系列的游戏化设计，不仅可以使培训时的课堂气氛变得活跃，也可以加深敏捷知识培训学习和敏捷团队回顾反思的效果，激励团队成员表现出积极的自主学习意愿和自我驱动提升意愿。另一方面，也可以促进敏捷知识学习形式与敏捷团队持续提升形式的创新，让敏捷知识培训与敏捷团队持续辅导变得比以前更轻松、更有趣和更友好。

我们可以用游戏化思维的方式，基于游戏化学习的经验来定义一下什么是游戏化敏捷。游戏化敏捷就是把整个敏捷转型的过程游戏化，包括敏捷认知、敏捷学习、敏捷团队的持续辅导与持续提升。对团队的敏捷教练来讲，整个敏捷转型的过程就是一个持续培训与持续辅导的过程。敏捷教练利用游戏向成人学习者传递特定的知识和信息，并根据他们对游戏的天生爱好心理和对新鲜互动媒体的好奇心，将游戏作为与他们沟通的平台，使信息传递的过程更加生动，将互动元素引入到沟通环节中，让他们在轻松、愉快和积极的环境下进行学习，体验感强，真正实现以人为本，尊重人性，培养他们的主动性和创造性。

对于团队成员来讲，整个敏捷转型的过程就是持续学习、持续提升的过程。基于此，我们可以把游戏化敏捷理解为利用游戏的机制、思维和手段等吸引预转型敏捷的团队成员，把敏捷游戏与敏捷学习结合起来，把辅导内容设计成游戏，采用游戏化的方式进行学习。从而激发敏捷团队成员学习的主观能动性，激荡思维，让他们勇于尝试和实践，进而更有效地学习敏捷知识，并在转型过程中通过反思、回顾和持续改进来不断完成自我的提升。

综上所述，游戏化敏捷的过程满足了成人对轻松、自由的学习环境的心理诉求，通过有趣的游戏活动让成人的学习过程变得愉悦，并且让他能够长时间地关注和投入其中。游戏化敏捷的过程利用模拟的游戏情境为成人提供有趣且富有挑战的学习环境，让学习的过程从由约束机制的外部塑造状态转变为被自我约束和好奇心所取代的内部生成状态。游戏化敏捷是成人学习敏捷知识与敏捷团队持续辅导改进的最有效、最好玩儿的方式。

游戏化敏捷对敏捷教练的技能期待

- **引导能力**：作为敏捷教练，我们需要具备一定的引导能力，从敏捷教练化身为游戏引导者，在引导的过程中保持中立，促进成员间的协同合作，帮助他们实现游戏中设定的目标。同时在引导的过程中要知道如何提问，知道如何引导出新观点、新思路。作为一位很敏锐的观察者，敏捷教练要减少或杜绝强干预和硬指挥。在引导的最后，帮助团队达成共识并做出有益的决定。

- **游戏变异能力**：书中的游戏框架是确定的，游戏主题是确定的，游戏标题也是确定的，但并不意味着不能变。项目背景不一样，团队背景不一样，公司背景不一样，遇到的情况，要处理的问题，都可能不一样，这些可变因子会加速不变因子的变异。因此，作为敏捷教练，即游戏的实践者与引导者，要根据实际情况对游戏进行变异，提升游戏的适用性。

- **实践应用能力**：书中的游戏是拿来用的，拿来"玩儿"的，有实战意义和实际指导能力，不是单纯拿来看的，只看是不行的，没有用。看完要用，要练，要变异，要灵活应用。因此，作为游戏的实践者与引导者，要用真真正正的实践能力，从理论转化为实践，从书面转化为行动，基于自己辅导团队所处的阶段进行个性化选择与实践。

- **反向思维能力**：事情原本的顺序是 A/B/C/D，大家的惯性思维也是 A/B/C/D，那是不是事情真的必须要按 A/B/C/D 的顺序来做？如果按照 D/C/B/A 的顺序来做或是按照 D/B/A/C 的顺序来做，又会产生什么样的效果？不得而知，更要敢于尝试。结合到游戏中，游戏本来的主题是团队协作，那是不是可以变异成团队不合作，从揭示团队合作的好到解释团队不

合作的坏。比如本来要阐述团队价值观的重要性，是不是可以阐述没有灵魂的团队是因为缺少核心统一的价值观等，游戏实践者在游戏过程中要善用反向思维。

- **提问能力**：作为团队的敏捷教练，作为游戏中的引导者，我们要会提问、善提问和提好问。游戏开始阶段的提问要能激发游戏玩家的想法和观点，引发其思考，促进彼此间的相互熟悉，在帮助游戏玩家打开通向游戏世界大门的同时，迅速确定要探索的主题。游戏过程中的提问，要结合游戏玩家的实际情况，能迅速评估玩家现状，及时帮助其调整方向，同时通过提问来引起游戏玩家对游戏的兴趣，激发玩家的想象。游戏结束阶段的提问，要能帮助游戏玩家收拢想法，做出选择，同时获取玩家承诺，产生共同决策，制定行动方案。

游戏化敏捷中的注意事项

游戏化敏捷的本质是通过游戏化的方式，处理敏捷团队成员与敏捷开发转型的各阶段所产生的问题，进而影响敏捷团队成员的行为，促进个人与团队的综合提升。它不是纯"玩耍"，它是人性与敏捷精髓的有机融合。它不仅让敏捷开发转型过程变得有趣和好玩，还提升其对敏捷团队成员的吸引力，强化团队成员的情感体验，使敏捷开发转型过程游戏化、场景化和趣味化。当然，这一切都是在不影响满足敏捷团队成员核心需求体验下实现的，因此，我们在游戏化敏捷的过程中，要注意以下事项。

- **从游戏设计角度来讲**

  游戏设计要严肃，游戏不是"玩耍"，游戏化敏捷指的是使用游戏机制让整个敏捷开发转型过程更有趣。它看上去似乎是雕虫小技，但其实不然，它的本质是赢得团队成员的全情投入。游戏赋予体验以价值，在安全的环境中允许自由探索未知、思考问题和尝试解决问题。我们不能因为敏捷的游戏化而降低或忘记真正的敏捷游戏化目的，严肃看待游戏化敏捷中的所有事项，游戏只是为了引起兴趣，游戏的根本目的依然是传播敏捷价值。

游戏设计要兼顾规范化与趣味性，设计并交付一个有价值的敏捷游戏非常不容易，涉及许多专业的内容，包括游戏、美学、心理学、人类学、教学设计、引导与学习和运营等。要想真正有良好的效果，在设计敏捷游戏时要多准备，明确游戏元素、游戏机制和游戏思维，保证游戏的趣味性与教育性兼得。在规范的同时，也要设置有趣的障碍引导参与游戏的成员主动选择且享受其中的艰辛任务，并将此转化为激发敏捷团队成员持续挑战敏捷知识学习任务的有效机制，且更有意愿沉浸于其中。

- **从游戏执行角度来讲**

  要重视游戏过程中游戏玩家的参与度，游戏化学习要求敏捷团队成员在既定的规则体系下，通过采取一定的行动来完成相应的任务。在这种学习模式下，身体不再是一种被束缚的机械静止状态，而是要通过多种感官体验和采取具体的行动，使其作用于游戏活动进程中，最终确保游戏任务的顺利推进。游戏化敏捷是身体被充分调动和激活的敏捷学习方式，是身体感知和运动体验等共同作用下的敏捷学习方式。

重视游戏环境的营造。游戏化敏捷的魅力来自于游戏作为一种媒介所带来的整体敏捷学习体验。为此，游戏化敏捷非常重视营造具有互动性、趣味性和挑战性的敏捷学习环境。通过设定模拟或仿真的游戏化场景、引入竞争机制来激发敏捷团队成员的竞争意识等营造支持性的学习环境，激发敏捷团队成员的参与意愿和学习热情。

游戏过程中要引导敏捷团队成员进行反思与领悟，游戏化创设了一个让敏捷团队成员在参与和体验中学习与持续提升的场景，在这样的场景中，敏捷团队成员可能会体验到包括胜利的兴奋以及失败的痛苦等在内的多种情绪体验。游戏唤起的激烈的情绪情感体验会引发敏

捷团队成员深刻的自我觉察与经验反思，从而形成一个知识领悟、智慧生成与经验分享的动态学习过程。

鼓励敏捷团队成员在游戏过程中进行多元交互，从而实现高效学习。游戏化敏捷通过敏捷团队成员与游戏活动之间的身心交互、游戏同伴之间智慧碰撞交互、游戏同伴与游戏对手的竞争交互、游戏场景中的情绪情感体验交互等，创造了跨领域、多感官和交互性的敏捷学习体验，从而实现认知、情感、态度或行为的转变。

虽然"好玩"的敏捷游戏有吸引力，但过于"好玩"的敏捷游戏，可能会导致敏捷团队成员参与的目的本身就是为了玩，而非出于对敏捷知识学习或个人改进提升的两个初衷。并且，游戏化的机制效用可能因为敏捷团队成员新奇感的消退而难以长久维系。因此，我们要防止滥用游戏化敏捷，并需要合理地将积分、奖励和证章加入敏捷游戏中，同时理性看待游戏化敏捷转型实践的挑战和面临的各种压力，做好功能实用性与游戏"玩耍"性的平衡。

在游戏化设计时，要着眼于敏捷转型团队的培训与持续辅导提升目标，设置游戏关键点和目标主题。在游戏执行时，注意捕捉和记录成人学员所表现出的具象行为。在回顾和点评时，将关键节点和具象行为作为重要依据，进行深度剖析，让学习的体验更深刻。然后，结合游戏目标主题以及工作的实际，引导他们把课程所学迁移到工作中，强化他们的持续学习意愿，让培训与持续辅导的效果真正显现出来。

理性看待游戏化敏捷。虽然游戏化敏捷传递的理念值得反思和借鉴，但作为敏捷教练的我们，依然需要正确认识游戏化敏捷的价值与适用性。游戏化敏捷只是给整个敏捷转型的过程锦上添花，有一定的借鉴意义和创新性，但游戏化敏捷不是万能的。我们需要针对敏捷转型过程中的具体问题进行具体分析，权衡各种过程改进方法的利弊，然后再决定是否采用游戏化敏捷，在什么阶段使用游戏化敏捷。要谨慎行事和有条不紊地推进合理运用游戏化的手段。

游戏化敏捷中的游戏

游戏元素

　　游戏元素是游戏化敏捷设计中能直接体现游戏思维的载体，是基于游戏化的敏捷模式设计。其核心是在团队成员的敏捷辅导过程中基于游戏化思维引入游戏元素，从中抽取匹配当前团队成员敏捷辅导场景的游戏化工具，帮助团队成员在敏捷辅导过程中获得更好体验的同时促进敏捷辅导目标的有效实现。本书中的游戏元素如下。

- **游戏主题**：敏捷教练想通过此游戏重点解决的问题，是整个游戏策划过程的核心事项。
- **游戏名称**：与游戏主题相呼应的游戏标题，给整个游戏取一个有代表性的个性化名字。
- **现实抽象**：对游戏主题的衬托，说明在什么样的情况下需要这个游戏、为什么需要这个游戏以及这个游戏可以解决什么背景下的问题。
- **关键挑战**：游戏过程中的难点，需要重点关注的点，会给参与游戏的成员带来的各种显性挑战。
- **魅力指数**：对游戏趣味性、价值性和可操作性等方面的综合评测值和推荐指数。
- **游戏玩家**：游戏中涉及的游戏玩家及对应角色。游戏的重点适用人群是游戏的参与及执行主体。
- **适用人数**：考虑到各种角色、职责和游戏体验后测评得到的最佳适用人数。
- **游戏时长**：游戏从开始到结束的总时长限制。
- **所需物料**：游戏前后需要用到的各种物品和道具，包括有形与无形的，需要在游戏开始前准备好。
- **游戏场景**：游戏所适用的场景，比如室内培训或室外培训，

主要考虑游戏对场地的要求。

- **游戏目标**：游戏策划的初衷及游戏结束后游戏实践者要达成的预期目标，整个游戏的执行与回顾围绕游戏目标进行，执行与回顾过程不得偏离游戏目标。

- **游戏规则**：游戏开始后，在游戏过程中对游戏玩家的限定性要求，包括时间、步骤、物料和沟通等。

- **游戏的交互性**：游戏过程中，不同角色之间可以产生的交集，比如可以产生的沟通与交流。

- **游戏步骤**：基于时间点因素对游戏执行过程的顺序性要求，包括角色进入、物料使用和发言阐述等。

- **图解游戏**：对游戏规则、游戏步骤和游戏玩家等游戏元素的图形化和具象化阐述，对整个游戏过程的概况性和抽象化表达。

- **可能的变化**：对游戏实践者的提示，告知实践者游戏元素中的可以变化点，以使游戏实践者可以基于其独特的游戏需求背景进行个性化改造。

- **情绪化反应**：游戏开始到结束整个过程中，游戏玩家所表现出来的情绪起伏，代表游戏玩家对游戏全程的主观感性反馈。

- **量化结果**：对游戏结果的判定，包括胜负、得分等定性与定量结果衡量，这是对游戏期待结果的一种客观表达，也是引发团队及个人回顾反思的一个重要因子。

- **引导问题**：基于游戏过程与游戏结果，激发游戏玩家的想法和观点，引发思考，促进自省。

- **经验与教训**：对游戏过程与结果的感悟，对游戏要点及"坑"的友善提醒，对游戏玩家及角色职责进行拿捏自省，是对游戏的一个综合性总结。

游戏限定

游戏限定具体是指对游戏各个方面的限制性要求，不论是在实际执行过程中，还是在个性化变异过程中，游戏都需要满足以下四个维度。

- **目标维度：** 首先，作为敏捷教练或其他的游戏实践者，不论是 100%照搬游戏始末还是对游戏进行个性化变异，锁定游戏目标的初衷不能变。每个游戏都有其特殊的目的，与游戏主题相呼应，与游戏背景相适应。其次，对于游戏玩家来讲，需要清楚游戏的目标，在游戏执行过程中需要始终锚定游戏目标，只有这样，才能达到游戏最初设定的目标，也是游戏设计目的之所在。最后，在游戏的回顾总结环节，所有感叹与经验教训反思也要围绕游戏目标来进行，结果与目标的偏离即为其间的差距，即需要探索、求知和提升的空间。

- **空间维度：** 对于游戏的活动空间，考虑到敏捷的适用场景问题，本书中的游戏全适用于室内培训，不需要使用特别大的场地，公司的普通会议室即可满足要求。对于游戏的时间空间，从游戏元素准备完毕，大家进入活动空间后，即可开始游戏，其间可参考图解游戏，以时间维度和顺序化执行游戏过程中涉及的每一个环节。满足游戏目标的所有活动完成，游戏终结，代表游戏结束，游戏的时间空间封闭。对于游戏的私密空间，游戏过程前后发生的所有事情都是团队内部的隐私，只可存留于团队内部，不可对外宣传，泄露某位玩家的言行。

- **规则维度：** 游戏化敏捷中的游戏规则只存续于游戏的时间空间，超过游戏的时间空间，游戏规则将不复存在。团队进入游戏的时间空间内，即代表主动遵循游戏的规则，在整个游戏过程中需保证遵循规范、行为有约束、投入要专注。

- **道具维度**：游戏中的道具可以变异，可以增加，但不可没有。道具是信息与情感的有形载体，在游戏过程中有不可替代的串联作用。道具所赋予的意义越大，其存储与承载的信息量就会越大，越能帮助游戏玩家脱离本我，找到真我。在游戏中释放自我，发散思绪，感悟反思，这是单纯的理论讲解所无法企及的。此外，道具的存在也可以增加游戏玩家之间的交互性，是互动媒介的诱因，是游戏过程多样性的催化剂。

游戏类型

本书的主要服务对象是社群、辅导机构或公司中的敏捷知识传播者和实践者，当然也不排除公司内部的 HR、市场以及研发团队中的项目经理等。基于服务对象对游戏的使用阶段差异性，我划分为以下五类。

- **重塑认知**：对于这个类别，首先，让游戏玩家认识到敏捷的价值，同时基于团队现存的问题，认识到敏捷可以给团队带来极大的益处，对敏捷充满期待。其次，让游戏玩家认识到变革方式的差异，在迎接敏捷变革时，结合自己以往的经验，如何提升自身的应变能力与适应力，如何做到渐进式变革，而非狂风暴雨式骤变。最后，让游戏玩家可以认知自我，改变类似"我以为"的固有认知偏见，提升自己的客观判别能力，同时也期待对其他的游戏玩家有更好的认知，在共同中找共识，完成敏捷团队搭建，促进团队融合。

- **敏捷学习**：对于这个类别，首先，服务于敏捷基础理论知识的培训与理解，比如敏捷团队的角色与使命，比如用户故事的粒度划分、用户故事的价值与优先级，团队集体估算，团队物理看板的创意与使用等等。其次，服务于游戏玩家对敏捷 Scrum 全流程的理解与应用，包括如何带领游戏玩家进行流程梳理，如何通过游戏化的方式进行流程模拟，并且在游戏中设定有等待与不等待的场景，基于资源瓶颈的限制，让游戏玩家体验不同场景下的差异，认识到流程清晰、流程顺畅和资源合理配置的重要性。最后，服务于团队转型前的细化工作，比如围绕敏捷团队沟通协作效率的提升团队成员的工位如何布局。比如带领团队成员探寻记忆时长与迭代时长之间的平衡点，帮助团队定义团队的迭代时间盒等等。

- **价值观目标**：对于这个类别，可以细化为三个小类，第一类是敏捷 Scrum 框架推崇的价值观，包含承诺、尊重、勇气、开放和专注。第二类是我在敏捷转型实践过程中非常认同的价值观，包括拥抱变化，自管理，有目标，要自信，要有信仰。第三类则比较关注沟通，比如面对面沟通，通过理解力大比拼，让游戏玩家知道面对面沟通的重要性。如双向沟通，通过一个折纸游戏让玩家体验到单向沟通的弊端，在敏捷开发中，特别是在产品待办事项梳理时，一定要认识到双向沟通的重要性。

- **团队回顾**：团队回顾类包含 12 个游戏，以常规回顾作为开始，游戏化演绎团队的正常检视与调整。紧接着，开始倾向于团队成员的心情与情绪管理，帮助团队成员找到心灵共鸣，探寻心情的波峰与波谷，通过情绪疏导，延展团队成员的自组织能力。接下来，依然是走心的游戏，包括同理心、正能量、分享快乐和放松自我等。最后是团队协作类的游戏，包括团队内部协作、跨团队协作部分，围绕协同困境和等待浪费展开，针对团队在迭代过程中出现频率比较高的问题给出游戏化的解决方案，期待团队成员可以在游戏中感悟与反思，在非强制性要求中得到改进与提升。

- **团队成长**：团队成长篇围绕人、产品和运营的角度进行展开，如敏捷开发中强调的 T 型人才，可不可以个性化定义能力标尺？比如围绕产品体验如何精简产品和提升用户体验。

比如对团队成员进行系统思考与发散思维训练。比如迭代持续时间过长后的方法论再统一和面对人员频繁流动等特殊情况下的产品知识补强等等。借助于数据来理性改进，辅助团队持续成长。

第 2 章

重塑认知

　　本章的主题为重塑认知，首先是想让游戏玩家认识到敏捷的价值，同时基于团队现存的问题，认识到敏捷可以给团队带来极大的益处，对敏捷充满期待。其次让游戏玩家认识到变革方式的差异，在迎接敏捷变革时，结合自己以往的经验，如何提升自身的应变能力与适应力，如何做到渐进式变革，而非狂风暴雨式骤变。最后是让游戏玩家可以认知自我，改变类似"我以为"的固有认知偏见，提升自己的客观判别能力，同时也期待对其他的游戏玩家有更好的认知，在共同中找共识，完成敏捷团队搭建，促进团队融合。

初识敏捷，敏捷魅力大绽放

图解游戏

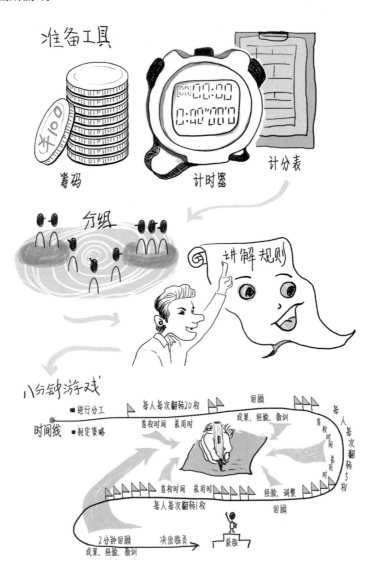

游戏名称　　筹码翻身

现实抽象

为什么要转型敏捷？我们原来的工作方式、工作流程和配合不是挺好的吗？我们原来的开发模式有什么问题吗？敏捷又有哪些优势？敏捷的特点又有哪些？我不懂，能不能让我真切感受一下敏捷的魅力？听说敏捷就是快速迭代，小步快跑，请问什么是快速迭代？什么又是小步快跑？敏捷是有迭代的，敏捷的迭代有多长？敏捷的迭代频次又是如何衡量的？敏捷中要求全能团队，T型或复合型人才，我自己的能力要是不行会不会被团队淘汰？敏捷中要求大家要更好地配合，在迭代中不断提升，在回顾中不断改进，回顾怎么做？敏捷中讲究故事拆解的粒度和任务交接完成的粒度，我就不能一个人把所有任务做完再给下一个团队成员吗？我我我，我是我，敏捷是敏捷，我想感受感受敏捷的魅力。

在敏捷转型开始前，团队成员不免有各种各样的想法，特别是对敏捷的"想法"。作为团队的敏捷教练，有必要帮助团队打消疑虑，以游戏化的方式，在轻松快乐的氛围中帮助团队认识敏捷，绽放敏捷开发的魅力。

关键挑战

团队在还没有学习敏捷知识的时候就需要用相应的流程来感受敏捷开发的部分魅力。如何能够引起团队成员的兴趣，让他们体验到敏捷开发的优势？这对整个游戏环节的设计提出了比较大的挑战。对团队成员如何全情投入并颠覆自己的价值观，也提出了新的挑战。

魅力指数　　★★★★★
游戏玩家　　敏捷教练、团队成员和监督员
适用人数　　6人以上
游戏时长　　30分钟
所需物料　　40枚筹码，2个计时器，2个计分表

轮次	A 组耗时		B 组耗时	
	第一枚完成	所有完成	第一枚完成	所有完成
第一轮				
第二轮				
第三轮				

游戏场景　　室内培训

游戏目标

1. 帮助团队成员感受敏捷开发的魅力。

2. 使团队成员体验到小步快跑的高频交付优势。

3. 重塑开发模式认知，感受新的开发与交付模式。

游戏规则

1. 游戏分三轮迭代，在第一轮迭代中，每个人需翻转完 20 个后才能传递给下一个人，即 1 次传递 20 个。在第二轮迭代中，每个人需翻转完 5 个后才能传递给下一个人，即 1 次传递 5 个，分 4 次传递完。在第三轮迭代中，每个人翻转完 1 个后就可以传递给下一个人，即 1 次传递 1 个，分 20 次传递完。

2. 在每轮迭代中，除了在制品(每批传递的硬币数量)降低以外，游戏的其他部分完全相同，目标、过程和顺序均保持不变。

3. 单手翻筹码，一次只能翻一枚，不能同时翻转多枚。

4. 记录每个团队首枚筹码的完成时间和总筹码的完成时间。

5. 总筹码完成时间耗时最少的团队获胜。

游戏的交互性

团队成员之间需要紧密协作，步步配合好，才能实现完美的衔接，游戏过程中，分秒必争，一个配合上的失误，就有可能造成延迟，影响下一个环节，所以，团队之间要沟通充分，配合协调，目标统一。

可能的变化

本次使用的道具是筹码，可以变成硬币，也可以变成书本，也可以是组装一批玩具，等等，能体现步骤、协同交付的，都可以。

情绪化反应

游戏刚开始时，因为大家是第一次接触敏捷，所以可能有一些懵。游戏过程中会有一些紧张，融入比赛，急于求胜。最后，游戏中取得胜利后极度兴奋。

量化结果

这个筹码翻身游戏分输赢，在本次游戏中，A 团队取得胜利。

引导问题

1. 游戏的结果与你当初想的结果是否一样？
2. 你认为小步快跑，分批交付的优势有哪些？
3. 结合到自己的日常开发工作，你觉得在团队开发中可以做哪些优化改进？

总结经验与教训

通过记录的数据发现，以 A 团队为例，如果一个人一次领取了 20 个筹码，翻转完后传递给下一个人，那么第一个筹码的完成时间是 44.53 秒，最后一个筹码的完成时间是 52.97 秒。如果一个人一次领取了 5 个筹码，翻转完后传递给下一个人，那么第一个筹码的完成时间是 15.30 秒，最后一个筹码的完成时间是 24.097 秒。如果一个人一次

领取了 1 个筹码，翻转完后传递给下一个人，那么第一个筹码的完成时间是 4.32 秒，最后一个筹码被完成的时间是 16.16 秒。

通过数据对比，团队惊奇地发现，同样的任务数量，领取的方式不同，完成时间竟然会有这么大的差异，团队效率竟然会提升这么多，通过有效地控制在制品的数量，领取的任务可以更快传递给下一个环节，所交付的产品可以更早地与客户见面并得到客户的反馈，对整个团队是非常有帮助的，团队成员各自发表了观点，表示在以后的工作当中会合理评估领取的任务数量，减少并行的在制品数，充分发挥敏捷开发的优势。

游戏步骤

为了增加互动和帮助读者朋友及时巩固和练习前面介绍的游戏，我们在下文留白，邀请大家参与记下自己的游戏步骤或以视觉化方式来表达游戏实践过程中的关键时刻。

敏捷信仰，对敏捷的满满期待

图解游戏

游戏名称　　心愿墙

现实抽象

以痛疗痛，转型敏捷，一种说法是大势所趋，"大家"都转了，我们也要跟着转。另一种是，公司及团队面临新世代新形势下的新问题，要能跟得上应急响应的新步伐。在某一原动力的促动下，敏捷教练的引进，敏捷理念的稳步引入与发散传播，让敏捷开发从未知到已知。回顾自己角色所面临的种种问题，期待敏捷可以势如破竹、摧古拉朽一般消灭团队及公司现存的所有问题，带着对敏捷的满满期待，来喜迎敏捷所带来的"疾风骤雨"般的变革。充满期待是好的，有了期待与行动目标，再细化可以落地执行的行动方案，现状的改进就会距离目标越来越近。敏捷教练作为敏捷思想的传播者，需要合理、客观地判断团队及公司存在的问题，合理控制并引导团队成员的思想走向，把预期控制在合理范围之内。

关键挑战

在几乎未知的情况下去想象，写的东西未免不太切合实际，实际执行过程中的落差，也可能使团队受挫。部分团队成员存在"小富即安"的心态，也可能不抱有期待，两种意识性的差异是团队面临的主要挑战。

魅力指数　　★★★★
游戏玩家　　敏捷教练、队员
适用人数　　不限
游戏时长　　30 分钟
所需物料　　笔，心形或异形便利贴
游戏场景　　室内培训
游戏目标

1. 激发与引导团队成员对敏捷的种种期待。
2. 鼓舞团队士气，激发团队斗志，增强团队敏捷转型动力。

游戏规则

1. 直述痛点，释放自我，自由畅想，把对敏捷的种种期待写在便利贴上。

2. 设定时间目标，以便执行后对照过往，进行反思。

3. 游戏不分输赢，最终的交付物为心愿墙。

游戏的交互性

游戏开始时，每个人像写"私密"的漂流瓶一样。游戏过程中，其实可以自由分享彼此的畅想与期待，在交流中去合理预估自己的期待，不盲目，要合理。

可能的变化

敏捷转型前期，可以用于对敏捷转型的期待，敏捷转型开始后，可以用于对某一团队所遇到问题的期待。比如因为一个队员没有遵守规则，造成迭代失败。比如因为自测品质不高，影响进度。比如因为考勤不合理，影响大家的工作积极性。比如因为责任划分不明确，影响工作分工。这些都可以作为一种期待，起到引导和相互的促进作用。

情绪化反应

写给未来的自己，写给未来的团队，写上满满的期待，从刚开始的麻木与未知，到被引导后的渐渐懵懂到意识逐渐清晰。到最后，满怀期待地把自己的心愿贴在墙上，静待时间流转，检验未来实践的真知。

量化结果

游戏不分输赢，只要能把自己的期待与观点抒发出来即为胜利，让团队成员找到信心就可以。

引导问题

1. 你对敏捷的真实认知是什么？

2. 你觉得你的期待是否合理？

3. 为实现自己的期待，你觉得需要团队如何配合？需要借助于哪些外力？

4. 在接下来的转型实践中，你准备如何践行？

经验与教训

试想，这个游戏面对的是成年人。让成年人以成年人的思维去写心愿，似乎有点不太现实，因为，成年人是现实的，大多数人的心愿与梦想已经被生活中的压力吞噬。所以，游戏氛围的营造与团队成员的心态引导就变得非常重要。作为团队的敏捷教练，只有让团队成员知道敏捷的优势，敏捷能给团队带来的可能性质变，才能引起团队成员的兴趣，相当于给团队成员注入了一剂强心剂，让他们有信心觉得敏捷不错，让他们愿意写，愿意对敏捷抱有期待，否则，作为团队敏捷教练的我们，如何做？因此，为了保证游戏的成功，前期对敏捷优点的宣讲必不可少，游戏中对团队成员的引导更加不可少，这完全是一个走心的游戏。

游戏步骤

为了增加互动和帮助读者朋友及时巩固和练习前面介绍的游戏，我们在下文留白，邀请大家参与记下自己的游戏步骤或以视觉化方式来表达游戏实践过程中的关键时刻。

_____

_____

_____

_____

_____

_____

_____

_____

敏捷要来，谈曾经，聊应对

图解游戏

游戏名称　　英勇事迹

现实抽象

长时间生活在一个熟悉的环境中，我们会加深对周边事物的了解，一切会变得得心应手。以通勤路线 A 为例，因为天天走 A 路线，所以路面上的任何一个坑洼，我们可能都知道。对于耗时，路上可能会出现的问题等，我们都了然于心，轻车熟路。但如果有天早上起晚了，并且 A 线路上的一个桥断了，我们不得已要切换 B 线路，B 线路因为没有走过，不熟悉路况，加上上班时间紧，这一系列突发的因素会不会让你感到不安与担忧？担心路况安全，担心会不会迟到，这就是常见的变化带来的不安与恐惧。实际生活中，我们会面对诸如改变工作岗位与职责、失业、家庭变故、生活环境断崖式骤变等各种变化，如何面对这些变化？调节内心的骤然起伏，适应当前的新环境，这是我们需要探讨的，需要去做的。

同样，对于敏捷开发来讲，很多团队成员可能并不了解敏捷开发，或是对敏捷开发的理解有误，可能认为敏捷开发就是快，就是拼命加班，也可能认为敏捷开发会裁掉部分测试人员，开发人员既要当开发，又要当测试，要懂前端，还要懂后台，每个人都要是 T 型人才，不是 T 型人才就会被淘汰。带着类似种种的恐惧来看待敏捷变革可能是有问题的，害怕敏捷转型，害怕变化，必然会给敏捷转型带来阻力。作为团队的敏捷教练，有必要听听团队成员的真实心声，听听他们是如何看待敏捷的，听听他们是准备如何应对敏捷带来的新变化的，敞开心扉，引导团队成员一起聊一聊很有必要。

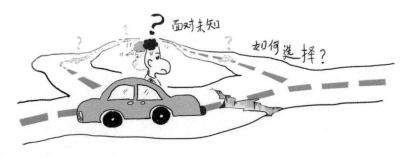

关键挑战

敏捷教练面临的挑战，主要是引导团队成员打开内心，突破自我安全防范，让他们畅聊敏捷转型可能带来的变化。对于团队成员来讲，需要在沟通共赢中探寻自我与找到适合自我的应对变化方案，把未知当已知，通过想像来模拟。

魅力指数	★★★★
游戏玩家	敏捷教练、队员
适用人数	不限
游戏时长	40 分钟
所需物料	笔和便利贴
游戏场景	室内培训

游戏目标

1. 探寻自我的真正应变力与适应力，增强团队成员的应变自信心。
2. 找到适合自己的敏捷变革应对方案。
3. 理性看待敏捷转型，接纳敏捷，接受变化。

游戏规则

1. 尊重每位团队成员的发言，发言中不可以被打断。
2. 在表述中需要融入对敏捷的认知与变化应对。
3. 游戏不分输赢。

游戏的交互性

每个人的分享都是一次触动心灵的共鸣，倾听与交流，也是一种相互学习，没有竞争，只有共鸣与认同彼此。这个游戏是团队成员之间的交流，更是团队成员与敏捷教练之间的交流，在交流中深化认知。

可能的变化

本游戏可以用于敏捷转型前的相互认知，熟悉团队成员应对变化的心态，加深对团队成员的了解，为敏捷理念的引入做好铺垫。后期的变化在于使用场景，座谈分享式的活动也可以用于讨论迭代中的某一问题认知以及基于同一背景下个性问题的认知差异辨识。

情绪化反应

有些人刚开始不知道说什么好，相对比较含蓄，表情起伏变化不大。有些人刚开始有点心不在焉，似乎转不转敏捷和自己没什么关系。随着分享的开始，一个一个"英勇事迹"点爆之后，逐渐引起大家的兴趣，气氛也变得活跃起来。

量化结果

游戏不分输赢，把自己应对变化的英勇事迹和观点说出来就好。

引导问题

1. 你是否有迎接变化的勇气与魄力？
2. 你认为接下来可以预期的变化有哪些？
3. 面对接下来的敏捷转型，你决定如何做？

经验与教训

游戏的目标并不是真的让团队成员找到应对敏捷变化的执行性方案，而是让大家知道要面对变化，知道自己成功应对过变化，主要目的是增强团队成员的自信心，相对减轻对敏捷到来的恐惧感。作为团队的敏捷教练，在游戏中要准确传达敏捷的价值与价值观，强调带着团队一起改进与提升，而不是革命与淘汰。同时，作为团队的敏捷教练，在引导时也要格外注意，假如是团队转型的初期，教练与团队成员间可能不是太熟悉，所以，信任是一个大问题。可能很多人会讲，可能牵涉到个人利益，为什么要给你说实话，所以，有可能只是说一些无关痛痒的表面话，这样是起不到作用的，对于敏捷教练，要有效甄别真与假。游戏始终围绕着目标进行，少偏离，多聚心。

游戏步骤

为了增加互动和帮助读者朋友及时巩固和练习前面介绍的游戏，我们在下文留白，邀请大家参与记下自己的游戏步骤或以视觉化方式来表达游戏实践过程中的关键时刻。

模拟变化，验证自我的真正应变力与适应力

图解游戏

游戏名称　　拍改拍

现实抽象

　　敏捷开发对很多团队成员来讲是新事物，可能很多人从来没有听说过敏捷开发，所以，很多人要面临改变自我的情况。团队成员需要正视自我，正视自己面临的困境，迎接即将到来的变化。但是，团队成员的应变能力到底如何？改变自我，改变原来的行为习惯，困难到

底有多大？可能很多团队成员并不是很清楚，也不能很好地感同身受。作为团队的敏捷教练，我们也深知单纯的说教可能会显得苍白无力，不一定能很准确地传达出行为习惯改变所带来的具体困难。

为了让团队成员对行为改变的困难有一个立体的感知，让团队成员有些深切的感受，游戏化的方式可能是最友善的选择。这样，对于敏捷教练来讲，通过在游戏过程中的观察，也好进行有针对性的准备，挑出合适的团队成员或团队来做第一批吃螃蟹的人。对整个团队成员来说，也好结合自己在游戏过程中的反应，以正确和理性的态度来面对改变，正视自我，正视现状。

关键挑战

对于单纯的游戏来讲，团队成员需要基于教练念出的明面口令做出相对应的动作，即做出真实需要执行的口令动作。最关键的挑战是，这个明面口令需要转换，因为口令的明面意思和需要真实执行的口令意思是有差异的。我们可以把明面意思理解为改变发生前的正常思维，把真实执行的口令理解为改变后的实际思维，对于这种转变，很多团队成员在短时间内不容易适应。

魅力指数	★★★★★
游戏玩家	敏捷教练、团队成员和监督员
适用人数	4 人以上
游戏时长	30 分钟

所需道具 口令表和眼罩

第一轮口令表

教练念出的明面口令	团队成员真实需要执行的口令
拍上	拍上
拍下	拍下
拍左	拍左
拍右	拍右
拍前	拍前
拍后	拍后

第二轮口令表

教练念出的明面口令	团队成员真实需要执行的口令
拍上	拍下
拍下	拍上
拍左	拍右
拍右	拍左
拍前	拍后
拍后	拍前

第三轮口令表

教练念出的明面口令	团队成员真实需要执行的口令
拍上	拍右
拍下	拍后
拍左	拍下
拍右	拍前
拍前	拍上
拍后	拍左

游戏场景 室内培训

游戏目标

1. 团队成员认知到改变的挑战和困难性。

2. 团队成员可以正视改变，喜迎改变。

3. 调整心态，减少大意，以正确的心态迎接改变。

游戏规则

1. 游戏过程中要闭眼，彼此间不能进行语言交流和互相参考。

2. 团队成员需要把敏捷教练的明面口令转译成真实执行的口令，并执行对应口令的动作。

3. 游戏共分为三轮，出错最少的团队获胜。

游戏的交互性

团队成员之间没有交互，全程不能有语言的交流和互相参考，需要根据教练的指令做出相应的动作。因此，只有团队成员与敏捷教练之间有互动。这是一个走心的游戏，从单纯的论输赢来讲，需要团队成员的默契配合，但更重要的前提是成员本身有较强的应变能力。

可能的变化

如果有眼罩的情况下，可以使用眼罩。如果没有眼罩，也可以直接要求团队成员闭上眼睛。游戏中的口令也可以改，能体现出变化与差异即可。对于游戏内容的策划，只要是与常规认知有差异的游戏内容都适用。此外，游戏的轮次与规则都可以基于团队的实际情况进行适应性调整。

情绪化反应

游戏刚开始时，表现很随意，自信满满的感觉，随着游戏轮次的深入，看到了游戏规则的渐进式变化，识记变得不那么的简单。即使闭着眼睛，但因为自己的反应迟钝或是做完后感觉到做错，尬笑不断，气氛变得热烈起来。游戏结束后，看着自己的比赛结果和团队成绩，一个个陷入了深思。

量化结果

轮次	A组人数	A组正确	A组错误	B组人数	B组正确	B组错误
第一轮	5	30人次	0人次	5	30人次	0人次
第二轮	5	26人次	4人次	5	23人次	7人次
第三轮	5	19人次	11人次	5	20人次	10人次
累计		75人次	15人次		73人次	17人次

引导问题

1. 你如何评价自己适应变化的速度？
2. 个人适应变化的速度与团队整体适应变化的速度有何关系？
3. 这种作法难不难？你是如何做到的？
4. 你是怎样暂时忘记旧的方法而进入新的方法的？
5. 在这个游戏中，你的体会是什么？
6. 游戏结束后，对于迎接变化的心态，你有什么变化？

经验与教训

通过这个游戏，我们看到了团队成员的积极反馈。

- "对待改变，我们要有良好的心态去面对，给我们的时间是有限的，如果不努力适应，就会落后于团队，影响团队的发展，所以我们要认真对待，尽快适应，努力做到最好。"

- "我觉得我们不能被旧东西固化思维，要接受新的技术，新的思想，要有创新意识，在创新中成长"。

- "改变惯性思维，要有一个适应过程。没有做不到，只看你用不用心做，要适应变化，改变思想，不要被思想束缚"。

这些反馈很重要，也呼应了这个游戏的目标。游戏的其中一个目标就是提醒，引起团队成员的重视。在接下来的变革中，需要团队成员在短时间内迅速改变长期以来的思维方式，并适应新的思维方式和行为习惯，团队成员心态的调整很重要。在面对真实的敏捷变革时不能掉以轻心，要认真谨慎地对待敏捷转型过程中的各种变化，并能快速地适应这种变化，按新的规则来做事。

作为团队的敏捷教练，要知道这个游戏的根本目的是引起团队成员的重视，认识到变革与适应的困难，重视敏捷转型，在游戏的过程中要刻意向这个方面引导，以免引偏。

📝 游戏步骤

　　为了增加互动和帮助读者朋友及时巩固和练习前面介绍的游戏，我们在下文留白，邀请大家参与记下自己的游戏步骤或以视觉化方式来表达游戏实践过程中的关键时刻。

渐进式变革，非巨变的一点点改进

图解游戏

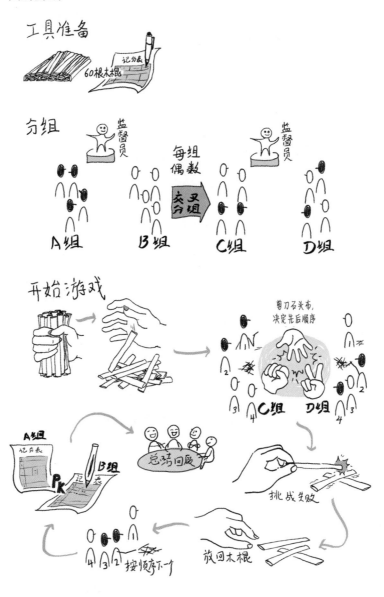

游戏名称　　魔力冰棍

现实抽象

除旧迎新，推倒重来，这些词听起来有些夸张和极端，但在真正的变革中，不一定非要这么的"歇斯底里"。完美的变革应该润物细无声，在潜移默化中完成，最终达到蜕变。为了有效避免公司领导或部分团队成员的激进行为，有效引导团队成员意识到激进行为对转型成功与失败的影响。帮助团队成员及领导认识到"微变革"的必须性，就显得特别重要。在帮助团队成员认知提升的历程中，单纯说教是一方面，如果能通过一个游戏让大家完成自我认知，通过自己的深切体会让自己知道在某些情景下不适合大动作，大变革，应该非常不错。想起儿时的一个游戏，应该是一个很好的寓意承载，稍加改进就会恰如其分，微变，或是大变，还是巨变，将影响整个游戏的得分，最终决定成败。

关键挑战

在游戏的过程中，团队成员要心平气和，细心认真，散落冰棍的成形与一步步的拆解，体现了细节变化到巨变的逐步变化，一个细小的失误都会决定拆解的成功或失败，都会影响到自己的得分，从而影响到团队的输赢。

魅力指数　　★★★★★
游戏玩家　　敏捷教练、队员、监督员
适用人数　　不限
游戏时长　　60 分钟

所需物料　　冰棍 60 根或类似替代品 60 根、记分表

游戏场景　　室内培训

游戏目标

1. 让团队成员感悟到稳步变化对取得胜利的重要性。

2. 活跃敏捷转型前的紧张氛围，增强团队敏捷转型成功的信心。

3. 避免转型中的激进行为发生，起到有效预防和提醒作用。

游戏规则

1. 团队分为 A/B 两组，每组人数要求为偶数，如有人员多出，可以当监督员。

2. A/B 两组的成员进行交叉组合，分为 C/D 两队，每一队都有等量的 A/B 组成员，如 C 队中有 2 名 A 组成员，2 名 B 组成员。

3. C/D 两队各分得 30 根冰棍。

4. 把冰棍儿摞起来放在地上，然后拿起一根冰棍按轮次要求逐次挑出，并且别的冰棍不能动，动的话就算输了。不动的话，一个人可以一直挑，直到本轮挑完。

5. 挑冰棍失败者有权处置被挑动的冰棍，决定最后一挑所挑动过的冰棍是否还原，即放回去。可以放回去，也可以不放回去。

6. 第一轮游戏中，一次只能挑出一个。

7. 第二轮游戏中，一次只能挑出二个。

8. 第三轮游戏中，一次只能挑出三个。

9. 每成功挑出一个冰棍获得 1 分。

10. 三轮游戏中，挑出冰棍总数最多，获得总分数最高的组胜利。

游戏的交互性

团队中的每个成员都要参与游戏，因为参与游戏顺序与游戏难易程度的不同，得分差异会比较大。游戏中，不同组的队员之间是竞争关系，可以给彼此设置障碍，增加难度，最终以得分最多者获胜。所以，在这个游戏中，交互性主要体现在不同组成员间和同组成员间，不同组成员间的互设障碍，同组成员间的互相保护。

可能的变化

这个游戏可以用于敏捷转型抽丝式的渐变，也可以用于团队突然决定采用新技术的风险暗示，游戏的形式和规则可以改变，游戏所揭示的寓意也可以根据当时项目的情况进行更为灵活的调整。

情绪化反应

团队成员看到冰棍时，有些人突然回忆起小时候，觉得好玩儿。有些人是一脸的懵，因为没有玩儿过，不知道是干什么。游戏过程中，有些人是轻车熟路，神情放松，有些人则表情凝重，慢慢适应。第一轮一切平稳，但是第二轮和第三轮的难度则是几何级增长，叹气会有，无奈会有，合理引导即可。

量化结果

轮次	A组在C队得分	A组在D队得分	B组在C队得分	B组在D队得分
第一轮	21	16	9	14
第二轮	15	12	15	18
第三轮	13	19	17	11
累计	96		84	

轮次	C队总耗时	C队总失误次数	D队总耗时	D队总失误次数
第一轮	2分钟	6	2分钟	5
第二轮	7分钟	15	8分钟	12
第三轮	16分钟	32	17分钟	29
累计	25分钟	53	27分钟	46

引导问题

1. 三轮游戏，大家觉得游戏难度是如何一步步提升的？

2. 结合即将开始的敏捷转型，以游戏结果为参考，谈谈给自己的启示。

3. 俗话说，一口吃不成胖子，游戏中有什么映射让你有所体会？

经验与教训

一次挑取一个与一次挑取两个，看似数量只差了一个，但难度却是几何级增长。在游戏开始阶段，很多队员可能一分不得，因为每当挑取两个或三个冰棍时，就会不得已触碰到别的冰棍，就会失败，退出游戏。为了获得胜利，队员之间相互保护，有人充当了幕后英雄，成了牺牲品，但为团队其他成员争取到了得分的机会。游戏难度的增加，也拉长了游戏每一轮次的时间，每一轮次的时长也是几何级增长，同样，失误的次数也是几何级增长。

在这些数据表象的背后，作为团队的敏捷教练，我们其实是想让团队成员悟到抽丝型"微变革"的重要性。为了达到同样的变革效果，取得同样的成功，在耗费相等的人力情况下，"微变革"花费的时间可能更少，困难更小，失败与出错的概率更小，达到的效果可能更好。因此，在游戏的回顾与总结环节，要引导着团队成员向这方面靠拢，达到认知的共鸣，实现游戏的目标。

游戏步骤

为了增加互动和帮助读者朋友及时巩固和练习前面介绍的游戏，我们在下文留白，邀请大家参与记下自己的游戏步骤或以视觉化方式来表达游戏实践过程中的关键时刻。

_____

_____

_____

_____

_____

认知自我，纠偏我以为的我以为

图解游戏

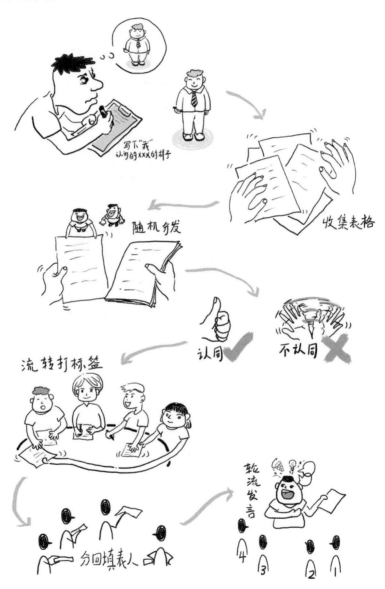

游戏名称　　我以为的我以为

现实抽象

- "我以为测试 A 会认真测试，不可能把 Bug 流出到生产环境，更不可能被用户发现。"

- "我以为开发同学会认真地开发，并会认真自测。开发同学是不会写 Bug 的，即使有 Bug，也会在自测阶段发现，不会不自测就提交测试的，也不会自己给自己挖坑，让以后的同学来填坑。"

- "我以为产品一定能把需求讲清楚，并会和客户反复沟通确认，带领团队做最有价值的事情，并会认真地检查 AC，核对已经完成的功能点，不会出现需求反复不定，无端甩锅、推卸责任的情况。我以为在我们最缺资源的时候，领导会给我们资源。"

- "我以为如果我们和 B 团队有开发的交集，需要他们提供接口的时候，他们一定会遵守承诺，按时、高品质地提供接口的。我以为视觉同学提供的页面就是完美的。"

- "我以为交互同学提供的交换页面逻辑是完全对的，是不会自相矛盾的。"

- "我以为 C 同学永远是不遵守承诺的，我已经对他失去了信心。"

- "我以为 D 同学就是个渣渣，经常拖拖拉拉，说话不算数，所有的 Bug 都是因为他引起的。"

我以为的我以为，我们的这些我以为，只存在于我们这些狭隘的自我认知中，是一种对别人的好的或坏的猜测，但是，我以为的情况真的是我以为的吗？是真的吗？是对的吗？以游戏的形式，来看看我们的内心想法，事情到底是不是我们相像中的那样。

关键挑战

团队成员需要根据个人判断去猜测别的团队成员的真实情况，至少 5 个人，如果确实对别人不了解，这种猜测是非常困难的。还有就是出于情感因素考虑，有些团队成员在表达上可能会非常保守，顾虑比较多，怕得罪人，表达比较含蓄，缺乏针对性，不够直接。

魅力指数	★★★★
游戏玩家	敏捷教练、队员
适用人数	5 人以上
游戏时长	30 分钟。
所需物料	下图中的"我以为"描述表和笔

我以为我的以为

我们团队已经经过了 30 次迭代，在这 30 次迭代中，团队共同努力，成功交付了 29 次，那经过这 30 次迭代，团队成员之间会有什么样的化学反应呢？我以为的是不是也是其他团队成员也以为的？请以我以为谁谁谁会怎么样为参考，对你身边最熟悉的 5 位团队成员发表你的看法。
举例：我以为士成每天开发完，会认真地自测。
举例：我以为艳雯每天会认真思考产品需求。
举例：我以为迪可每天会喝 30 杯水。

第 1 位：

第 2 位：

第 3 位：

第 4 位：

第 5 位：

第 6 位：

第 7 位：

第 8 位：

游戏场景　　室内培训

游戏目标

1. 让团队成员意识到自己存在的各种偏激的想法。

2. 增进团队成员间的相互了解。

3. 提升团队的凝聚力。

游戏规则

1. 请以"我以为谁谁谁怎么样"为格式描述。

2. 每人至少描述 5 个团队成员。

3. 对于认同的描述打对号，对于不认同的描述打错号。

4. 真实表达自己的认知与感受。

5. 描述表上的可辨识标签，可以是特殊符号和颜色，不能是名字。

游戏的交互性

团队成员之间需要描述彼此并对彼此描述的内容投票，表示认同或不认同，描述表在不停轮转，是一种文笔交互。

可能的变化

可以用在一个团队成员彼此非常熟悉的团队，也可以用在一个彼此特别陌生，刚刚组建的团队。可以预先准备几十个描述让大家去选，也可以让大家自由填写，最后再判断。形式与内容都可以进行针对性与适应性的调整。

情绪化反应

游戏开始，描述填写时都很认真，看到自己描述的内容被别人点评后的差异，也有一点点不认同。轮流发言、针对投票结果进行总结时，大家对彼此都有了更多的了解，特别是对有些"惊喜"的描述，团队成员表示非常惊讶，"信息量"很大，兴奋点一下就被点燃了。

量化结果

不分输赢，能正确描述和点评，团队成员间能增进了解就算赢。

引导问题

1. 你以为的人与事是正确的吗？正确率有多高？

2. 你觉得工作中的这种猜测会有哪些不利的地方？

3. 基于游戏结果，你认为接下来团队沟通交流方面会有哪些改善？

经验与教训

这是一个很"爆料"的游戏，有时，游戏结果都超出了我的预期，已经远远超过游戏本身的目的。游戏的过程很欢快，料点多多，全程欢笑，最关键的是，很多信息，很多团队成员竟然不知道，其间不缺八卦和游戏打怪。围绕游戏的宗旨与目的，只要不偏离，内容可以无限扩展，当然，游戏的"尺度"也可以无限扩展，但不要伤及个别团队成员的情感与自尊心，这个尺度在游戏过程中还是需要把握好。游戏的感受与感悟部分是非常重要的，一定要写好，这也是团队成员的反思和对游戏最直接的收获。

 游戏步骤

　　为了增加互动和帮助读者朋友及时巩固和练习前面介绍的游戏，我们在下文留白，邀请大家参与记下自己的游戏步骤或以视觉化方式来表达游戏实践过程中的关键时刻。

认知队员，在共同中找共识

图解游戏

游戏名称　　五指连线

现实抽象

敏捷团队转型初期，团队刚刚组建，很有可能团队成员彼此不熟悉，特别是团队中有新队员加入时，新队员期待可以对老队员多多了解，以便更快、更好地适应新团队，或者单纯想在团队中"活"下来，否则可能出现水土不服的现象，无法与团队保持一样的节奏，无法与团队形成无缝的衔接与融合。此外，一个有凝聚力的团队，不是只会工作，还要会生活，要会开玩笑，要相对了解彼此，有共同的话题。这样，在工作之余，团队成员之间也可以一起打打球，一起玩玩相同的游戏，下午，可以一起点下午茶，喝着彼此喜欢的饮品。如果是老乡，更可以周末相约，一起吃家乡菜。总之，团队不是只知道工作的机器或系统，更是一个有感情和有温情的地方。在工作中融入一点点的感情在团队中，可以进一步增强团队的凝聚力，提升团队的稳定性。现在的员工其实很难带，一言不合，一点儿的不开心，都有可能离职，特别是没家没口没担忧的，离职就是小儿科。

对团队来讲，频繁的人员流动并不是什么好事儿，反而会增加迭代失败的风险。作为团队的敏捷教练，在新团队组建后或是新团队成员加入后，要组织相应的游戏来增进团队成员间的相互了解，帮助新成员或成员间更快更好地了解彼此，找到共识，找到共同话题，增加团队成员在团队中的存在感，增加团队成员对团队的依赖感，在工作中融入部分情感，使团队有温度和有凝聚力。

关键挑战

这个游戏在前期的挑战不大，挑战关键在于五指连线后找到有共同爱好的人和有相似点的队友，主动打开话匣子，主动聊天。基于共同的爱好，大家可以更深入地探讨，以便了解彼此和深化情感。

魅力指数　　★★★★
游戏玩家　　敏捷教练、队员
适用人数　　3 人以上

游戏时长	30 分钟
所需物料	白板纸、白板笔和笔
游戏场景	室内培训

游戏目标

1. 团队破冰，帮助新成员更好、更快地融入团队。

2. 帮助团队成员间找到彼此的共同点，增强团队凝聚力。

游戏规则

1. 每个团队成员需要在白板纸上，使用白板笔，把自己左手的手形画在白板纸上。

2. 每个团队成员要在白板纸上和左手手指头上写上如下信息：籍贯、常玩游戏、喜欢的饮品、星座、喜欢的电子产品。籍贯写在大拇指上，食指上写常玩游戏、中指上写上喜欢的饮品、无名指上写星座、小拇指上写上喜欢的电子产品。

3. 相同或相似的喜好之间连线。

游戏的交互性

这个游戏的交互分两个部分，一部分是手指连线，实体交互，一部分是团队成员基于共同爱好的沟通交流，本质上是加强团队成员间的了解。

可能的变化

五指上写的信息点可以基于团队的实际情况进行调整和变化，比如常出错的原因，比如想到的改进方案和团队提升关键点等。但是一定要有相对的共通性，或是覆盖的范围比较大，概况点强，这样才更容易找到共同点。基于人数的限制，如果范围太小，不太容易找到共通点。

情绪化反应

这个游戏大家投入度都比较高，因为是新团队，大家对彼此的了解并不多，所以还是很渴望认识彼此，但也发现极个别团队成员会躲在一边，不太积极。前期情绪相对平稳，书写、表述和连线，从握手阶段开始变得活跃起来。

量化结果

这个游戏不分输赢，能知道团队中不同成员的喜好并找到一个和自己拥有共同喜好的队友就是赢。

引导问题

1. 你找到和自己拥有相同喜好的队友了吗？
2. 你对你们团队甄选出来的 1 项团队共同点满意吗？
3. 如果你是团队负责人，你准备如何团建？请写下你的计划。

经验与教训

这个游戏相对比较简单，主要用在敏捷转型开始前，新团队组建时的破冰环节。当然，也可以用在回顾改进环节，比如围绕迭代中团队出现的某一问题，团队每个成员从不同的方面可以提出改进方案，最终看大家在方案提议上的一致性，找到团队成员最认可的改进方案去更好地执行和落地。在这个游戏中，敏捷教练主要是引导团队成员要多说多讲，多释放信息，多找共同点，多求同，少找异。基于共同点去策划团队建设或改进方案，减少分歧，有利于执行。如果在游戏中每个队员写的信息差异比较大，可以引导团队成员找相似的，其最终的目的依然是找到与自己相同或相似点最多的人，找到"知己"。在连线时，如果是多人共同点，则会发生重复连线的情况，这时，可以找个"中间点"，所有相同的连线可以交汇在"中间点"上，显得更直观，而这个"中间点"，就是团队成员的共通点。

✏️ **游戏步骤**

为了增加互动和帮助读者朋友及时巩固和练习前面介绍的游戏，我们在下文留白，邀请大家参与记下自己的游戏步骤或以视觉化方式来表达游戏实践过程中的关键时刻。

_____

_____

_____

_____

第 3 章
敏捷学习

　　本章的主题为敏捷学习，对于这个章节，首先是服务于敏捷基础理论知识的培训与理解，比如敏捷团队的角色与使命，比如用户故事的粒度划分、用户故事的价值与优先级，团队集体估算，团队物理看板的创意与使用等等。其次服务于游戏玩家对敏捷 Scrum 全流程的理解与应用，包括如何带领游戏玩家进行流程梳理，如何通过游戏化的方式进行流程模拟，并且在游戏中设定有等待与不等待的场景，基于资源瓶颈的限制，让游戏玩家体验不同场景下的差异，认识到流程清晰、流程顺畅、资源合理配置的重要性。最后服务于团队转型前的细化工作，如围绕敏捷团队沟通协作效率的提升，团队成员的工位如何布局。如带领团队成员探寻记忆时长与迭代时长之间的平衡点，帮助团队定义团队的迭代时间盒等等。

角色和使命，敏捷凝聚力下的协同共创

图解游戏

准备工具

彩笔　　A3白纸

分组

角色分配　产品负责人　开发团队　监督员

分工合作　设计手品　开发产品　记录　监督

验收交付　分工责任 PK 分工责任

评出胜方

游戏名称　　水墨千指画

现实抽象

团队是指彼此才能互补、团结并为负责统一目标和标准而奉献的一群人，团队中包含了完成特定功能所需要的各种角色。敏捷团队可以理解为执行某种敏捷开发框架的项目开发团队，敏捷 Scrum 团队中一共有三个角色，分别是产品负责人、开发团队和 Scrum Master。在实战中，大多数开发团队中还有专业测试人员，当然，极端情况排除在外。三个角色协同配合，共进同退，共同执行敏捷流程，遵守敏捷价值观。在承诺的敏捷价值观精髓指导下，团队共同承担集体责任，齐心协力，从而保证每个迭代的成功交付。

对于敏捷教练来讲，让各个角色明白自己的角色职责、角色使命和知道协作的重要性，是非常重要的。只有每个角色做好自己的本职工作，才能实现流程的环环相扣，如生产流水线一样，一个环节如果出问题，在没有很好容错机制的情况下，必然带来混乱，影响到整个生产线的运行。在团队形成初期，成员之间可能还不太熟悉，角色之间的配合可能还不太默契，以游戏化的方式模拟角色分工与配合，是一种很有效的团队练习方式。

关键挑战

团队成员的多只手需要共同夹住一支笔来写字，对配合的要求非常高，笔画的走势是否行云流水，字写得是否遒劲有力，全看团队成员间的配合是否完美。只有团队成员完美配合，才能完成佳作。

魅力指数　　★★★★
游戏玩家　　敏捷教练、团队和监督员
适用人数　　4 人以上
游戏时长　　30 分钟
所需物料　　A3 纸和水彩笔
游戏场景　　室内培训

游戏目标

1. 团队成员可以理解和认同自己的角色和使命。

2. 提升团队成员间的协作和配合能力。

3. 增强团队的凝聚力，增进团队成员间的关系。

游戏规则

1. 游戏的交付物为写在 A3 纸上的"分工责任"四个字。

2. 字尽力采用多种颜色写成。

3. 团队成员细分为四个角色，产品负责人、开发团队、监督员和敏捷教练。

4. 产品负责人负责设计字体、搭配颜色和换笔。

5. 开发团队负责共同夹住一支水彩笔写字。

6. 监督员负责过程控制，记录失误情况。

7. 换笔时，另一支笔不能离开手指，不能掉，否则重来。

8. 所有团队成员必须同时参与书写。

9. 敏捷教练负责鼓舞士气。

10. 游戏分输赢，游戏结束，集体测评出获胜方。

游戏的交互性

虽然只有四个字，但要求团队成员统一节奏，共左共右、共前共后，共上共下，一起协商换笔，一起描画出最高品质的交付物，其间需要精准协作配合，充分沟通，任何一个人的失误都会影响到最后的交付品质。

可能的变化

书写的内容及难易程度可以调整，不建议规则动，但可以更难一些，增加一些挑战性和趣味性。同时，游戏的目的主要是体现出团队协作，所以，此类主题的游戏应该会有很多，敏捷教练可以结合团队所处的阶段进行适应性设计。

情绪化反应

从游戏开始前的懵懂到游戏开始后，真正感到书写时的兴奋。团队成员全神贯注投入书写当中，有角色细心指导，有角色认真执行，手搭手，尽心协同共创。

量化结果

第 2 组在字体与颜色搭配方面都优于第 1 组，因此，第 2 组取得胜利。

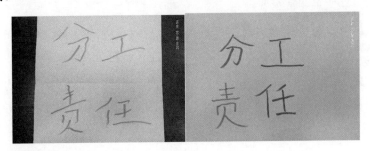

引导问题

1. 通过这个游戏，你对团队分工与协作有什么新的理解？
2. 结合自己的角色，谈谈自己的职责与使命。
3. 你对游戏过程中团队的分工与责任满意吗？
4. 你们团队取胜或失败的原因是什么？
5. 基于游戏过程中的感悟，你觉得在以后的工作配合中要注意什么？

经验与教训

游戏结束后，所有游戏玩家都进行了深刻的总结，比如有玩家说"通过这个游戏，明白团队之间的协作是要有一个明确的方向与目标，大家一同齐心协力去实现，在产品负责人的整体规划与引导下，才能很好地去完成，作为参与者，也必须齐心去完成，才能交出满意的作品。"这个游戏最大的亮点就是要突出团队成员间的协作与配合，所以，对于配合环节的引导就变得非常重要。

- 作为团队的敏捷教练，在这个方面要特别注意。

- 对于产品负责人，设计字体如同设计产品，为了胜利的目标，要设计好，并且需要在游戏过程中指导团队成员一步一步实现好。不论是更换彩笔还是字体笔画，都要认真引导，才能完美演绎当初的设计。

- 对于团队成员来讲，就是手握手，笔连手，协同努力，在产品负责人的引导下，认真实现既定的方案，此时，准确执行变得非常重要。

- 监督员就是检查过程是否符合游戏规则的要求，就如在使用验收标准验收软件中实现的功能是否符合要求一样。

最后，对于团队成员来讲，每个人的经验与教训是不一样的，团队成员感慨良多，作为敏捷教练，在策划时要控制好难度，引导好氛围，注重游戏的体验与寓意转化。

游戏步骤

为了增加互动和帮助读者朋友及时巩固和练习前面介绍的游戏，我们在下文留白，邀请大家参与记下自己的游戏步骤或以视觉化方式来表达游戏实践过程中的关键时刻。

故事粒度，团队品质化高产的根因

图解游戏

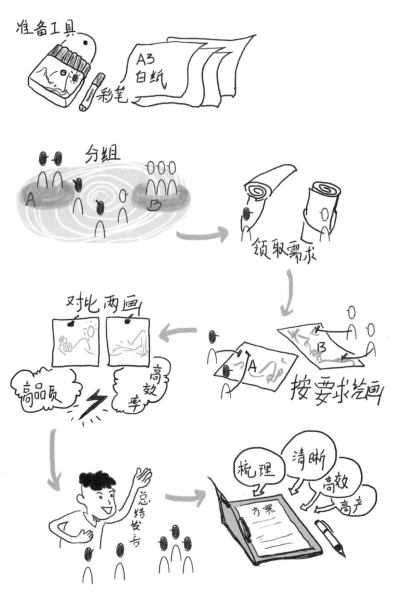

游戏名称　　夏日牧场

现实抽象

团队都希望承接稳定的需求。谁都不希望不确定性的需求，因为那意味着团队要在开发中摸索，不仅会带来很大的困扰，也会影响到开发的效率。准确、稳定的需求，就像清晰准确的目标。例如射箭，有了目标就好定位箭头的方向。没有目标，给团队说，随便射一个吧，试想团队成员在面对这样的需求时，会是什么样的感受？一种感受是爽，终于有英雄用武之地了，可以自由发挥，放飞自我了，这种情况又可能有两种结果，一种是做出来后，产品负责人与业务方都很满意，皆大欢喜。一种结果是，被骂，做出来的是什么东东！结果，吵架开始了，你不是让我自由发挥吗？让你自由发挥你就做出这种垃圾啊？你也没说你要什么啊，等等等等，时间就这样消失了，资源就这样被无效浪费了。

另一种感受是，什么鬼？不说清楚怎么做啊？自由发挥一下啦！不说清楚做了也是白做的，还是说清楚的好！好吧，想让你射中前方10米那个圆盘！好的，等着验收吧。

这是两种可能的感受，第二种感受虽然在前期沟通时费了一些时间，但是需求明确，做出来的东西符合前期需求的定义与早期的预期，验收时偏差小，通过率与成功率高。第一种感受就像买彩票，结果未知，产出未知，充满风险。作为团队的敏捷教练，要让全体团队成员深刻认识到需求澄清的重要性，认识到需求清晰的重要性。

关键挑战

需要团队有一定的绘画基础、想象力和创造性思维，需要根据文字来抽象出图画。因此，在理解力、转化力和适应性方面有一些挑战。同时在评判标准与结果认定和价值认定方面也有些许挑战。

魅力指数　　★★★★★
游戏玩家　　敏捷教练和队员
适用人数　　4 人以上

游戏时长   30 分钟

所需物料   彩笔 2 套和 A3 白纸 8 张

游戏场景   室内培训

游戏目标

1. 让产品负责人和团队成员体验需求明晰与需求模糊带来的差异，认识到需求明晰的优势与重要性。

2. 通过两种不同的绘画需求，让团队成员体验发散性与量化性需求差所带来的实体感受。

游戏规则

1. 团队分成 A/B 两个小组，各组需要在规定的 15 分钟内完成绘画。

2. A/B 两个小组之间需要隔离，彼此不知道对方的需求，中间不能交流。

3. 绘画结果需要呈现在 A3 纸上。

4. 游戏不分输赢。

5. A 组队员需画出这样一幅场景：美丽的夏日，一片绿色的草场上开出了蓝色和红色的花，奶牛和鸟儿享受着灿烂的阳光。

6. B 组队员用下面这些元素来画一幅美丽的夏日牧场场景。

- 10 朵蓝色的花，每朵都有 5 个花瓣。

- 5 朵蓝色的花，每朵都有 6 个花瓣。

- 13 朵红色的花，每朵都有 6 个花瓣。

- 2 头身上各有 3 个黑点的奶牛。

- 1 头身上各有 5 个黑点的奶牛。

- 2 头身上各有 4 个黑点的奶牛。

- 2 只鸟停留在牧场草地的左上角。

- 3 只鸟停留在牧场草地的中间。

- 5 束太阳光射到牧场的右边。

游戏的交互性

团队成员要合力投入到绘画当中，从游戏中的彼此互动交流、共同绘画，到游戏呈现阶段的集体呈现，需要频繁互动，群策群力。

可能的变化

这个游戏可以从室内的绘画扩展到室外的定向活动，只要能区分开目标是否清晰即可。

情绪化反应

这是一个有互动的欢乐游戏，全体队员在游戏刚开始时进行探索性思考，在小组汇报呈现阶段时喜笑颜开，彼此评价，欢乐洋溢在绘画和呈现过程当中。对于最后的产出结果，虽然有些许争论，但质和量的对比是明显的，情绪很快会稳定和平静下来。

量化结果

这个游戏不分输赢，只要团队成员能体会到需求在某一个阶段清晰对团队非常重要、是高产的秘籍，就是胜利。

引导问题

1. 拿到游戏需求时，需求是否清晰？你觉得满意吗？

2. 清晰明确的需求是否可以提升团队的交付品质与交付效率？

3. 当前所在的团队在需求管理方面存在哪些主要的问题？请列出两个问题并写出自己的改进方案。

经验与教训

两个团队，同样耗时 8 分钟，但因为需求的清晰程度不一样，交付出来的成果差异很大。需求清晰的团队，交付了 5 头牛，几十朵花，不论是在量上，还是在品质上，都非常突出。没有清晰需求的团队，因为需求不明确，团队成员在前期进行反复的讨论，在绘画过程中也犹犹豫豫，不知道如何下笔，在猜测中完成了所谓的未知的需求，只画了一头牛，两只鸟，在交付的量上完全少于需求清晰的组。因为需求不清晰，交付的东西在质上也不太满足最后的评审需求。成员一样，耗时一样，结果却不一样，游戏的过程只是模拟，游戏的结果虽然只是寓意，但是，对我们的敏捷开发来讲，还是会有很大的启示。我们期待在敏捷开发过程中，产品负责人可以更好地加强需求梳理，需求是上游，理的好，团队才可能交付的更好，如果需求理不好，理不清楚，不论是质还是量，相信团队交付的一定不好，所以，需求梳理、澄清、确认不可少、不可省！这是团队交付品质的保证，这是团队高产的秘籍。

📝 游戏步骤

为了增加互动和帮助读者朋友及时巩固和练习前面介绍的游戏，我们在下文留白，邀请大家参与记下自己的游戏步骤或以视觉化方式来表达游戏实践过程中的关键时刻。

_____

_____

_____

_____

_____

_____

_____

优先级排序，用价值说服他

图解游戏

准备工具

笔　便利贴　旧电池回收APP

游戏开始

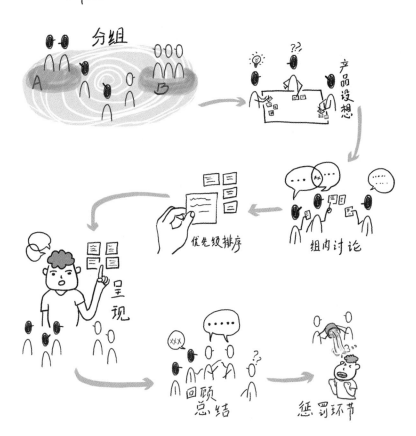

分组　A　B

产品设想

组内讨论

优先级排序

呈现

回顾总结

惩罚环节

游戏名称　　说服他

现实抽象

敏捷迭代开发过程中，为什么认领这个用户故事，而不认领那个用户故事？这个认领的规则是什么？是优先级，原则上认领顺序是按照用户故事的优先级排序来的，但这个优先级是如何排列出来的？是按什么标准进行排序的？是重要性，是紧急性，其实更是价值。我们知道，敏捷开发讲究按价值进行交付，只做最有价值的。但是一个产品，一个用户故事，如何衡量它的价值？衡量的标准又是什么？这个价值是嘴说的？拍脑袋的？还是可以核算效益转化？产品负责人又用了什么方法？消耗了多大精力排列出来的呢？在排列优先级的过程中，是异常平静还是波澜四起，唇枪舌战？产品负责人要花多大的精力才能完成一个产品待办事项列表的优先级排序？难度有多大？有多重要？这些，除了产品负责人，其他团队成员可能很难感受到。为了让团队所有成员都能认识到对产品待办事项列表进行优先级排序的重要性，认识到优先级排序的难处，团队不同角色成员间可以更好地理解彼此的工作，更有同理心，作为团队敏捷教练的人，有必要策划一个这样的模拟游戏。

关键挑战

动口不动手，对不善表达的开发人员来说，很难通过自我表达来说出自己的需求最有价值且要排到最高优先级，因为这需要平衡各种因素，有挑战。

魅力指数　　★★★★★
游戏玩家　　敏捷教练和团队
适用人数　　4 人以上
游戏时长　　30 分钟

所需物料　　便利贴和笔

游戏场景　　室内培训

游戏目标

1. 认知到优先级排序的重要性。

2. 体验到优先级排序的难度。

3. 团队成员间学会相互理解，更有同理心。

游戏规则

1. 团队成员分为 A/B 两个小组。

2. 每个团队成员需尽力阐述自己优先级的重要性和价值点，力争排列到最高优先级。

3. 以理服人，不能动手。

4. 游戏分输赢，需求排为最低优先级的队员输，要接受惩罚。

5. 游戏惩罚为真心话大冒险。

游戏的交互性

各小组成员之间需要充分沟通与协商，以排列好的优先级对外展示。这需要进行反复的沟通和博弈，以动口不动手的方式达到平衡。

可能的变化

可以任意发散一个产品，比如做一个旧电池回收 APP，比如做一款体育类 APP，比如做一个客户关系管理系统，等等。

情绪化反应

从游戏开始前的平静，到游戏进行中的争论，态度明显积极，心情明显激动，到游戏结束后有人满意，有人不满意。

量化结果

游戏分输赢，优先级最低的团队成员是输者，需要接受惩罚，具体惩罚方式，敏捷教练可以基于项目实际情况进行适应性调整。

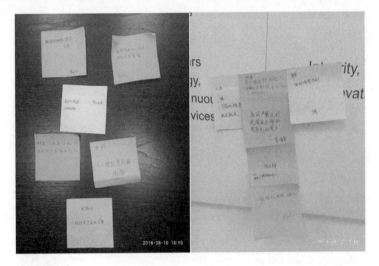

引导问题

1. 你对这个优先级排序结果满意吗？为什么？

2. 你的事情为什么会被认为优先级高或优先级低？

3. 你是如何说服别人或你是如何被别人说服的？

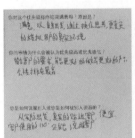  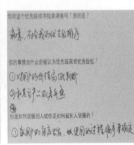 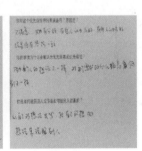

经验与教训

不是所有的人对结果都满意，终究还是有人不满意。有人不满意是因为有分歧，有些人认为 A 好，有些人认为 B 好，结果没有达成一致。有人不满意是因为大家觉得自认为最核心、最有价值的功能其实不重要，对自己的观点不认同。还有人觉得不满意，是因为觉得大家

的评价标准不一样，所以，没有排出自己满意的优先级。当然，有人是满意的，他认为大家知道换位思考，可以彼此理解，更真实的体验并模拟用户的真实需求，最后排出的优先级符合自己的预期。

在这个游戏过程中，敏捷教练要尽力减少对团队成员的干预，让他们自组织，团队成员之间自己达到平衡，整个讨论与取舍的过程其实是一个学习的过程，要的就是这种争论的效果，这种争论中的体会，只有有了这个体会，在同理心的感召下，才可以更好地理解彼此。

游戏步骤

为了增加互动和帮助读者朋友及时巩固和练习前面介绍的游戏，我们在下文留白，邀请大家参与记下自己的游戏步骤或以视觉化方式来表达游戏实践过程中的关键时刻。

集体估算，实战计划扑克的魅力

图解游戏

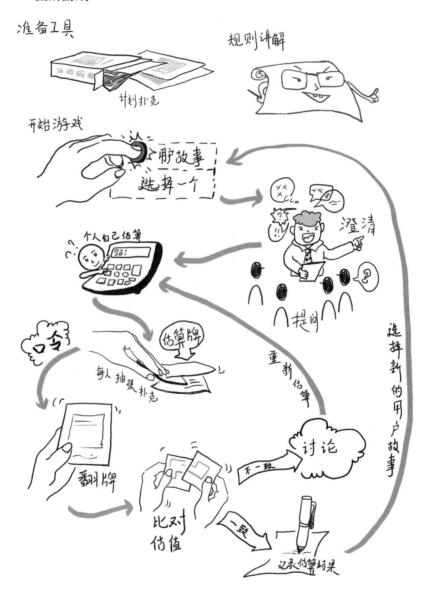

准备工具

计划扑克

规则讲解

开始游戏

用户故事 选择一个

澄清

提问

个人自己估算

估算牌

每人抽一张扑克

重新估算

口令

翻牌

比对估值

讨论

不一致

一致

记录估算结果

选择新的用户故事

游戏名称   计划扑克的魅力

现实抽象

研发项目估算过程中，领导"拍脑袋"是常见的估算方式。更常见的是只有一句话的需求，没有交互，没有视觉，只有一句想要个什么就像什么什么一样，凭着这个需求，项目经理一拍脑袋，说几天就这样开始开发了。结果是，边开发边出问题，边变更，边延期。因为估不准，时间被无限地延长，团队的承诺和底线被扒光。在原来的估算中存在着项目经理一个人拍脑袋或领导拍脑袋等粗暴估算的现象，所带来的恶性后果就是低品质交付或粗暴延期，品质不可控，时间点儿守不住，这样的团队何来信誉？何来高品质交付？

计划扑克是一种集体估算的有效载体，团队成员都参与到任务的估算当中，基于个人的能力给出估算量，有效避免因能力高低和任务理解差异带来的估算不准情况，是每个迭代都可以成功交付的有力保障。因此，作为团队的敏捷教练，通过游戏化的方式，让团队成员学会集体估算，在真正的敏捷开发实践中使用集体估算就变得非常重要。

关键挑战

有些团队成员原来没有参与过估算，不知道如何估算，所以对于估算的粒度、估算的准确性是有挑战的，还有就是不敢也不想估算，因为觉得估了也没有用，还是领导说了算，所以，对于突破自我的心态也是挑战。

魅力指数   ★★★★★
游戏玩家   敏捷教练和团队
适用人数   3～9 人
游戏时长   30 分钟
所需物料   计划扑克和 3 个用户故事

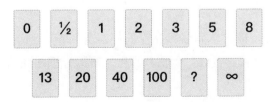

游戏场景　　室内培训

游戏目标

1. 认识到集体估算的重要性。

2. 学会计划扑克的使用。

3. 认识到估算与承诺之间的关系。

游戏规则

1. 每个团队成员都需要参与到估算当中。

2. 团队成员需要独立估算，不能相互沟通。

3. 估算的是标准任务，而不是工时。

4. 估出最大值和最小值的团队成员需阐明原因。

5. 是集体估算与协商定值，不是专断拍脑袋，尊重每个团队成员的估算结果。

游戏的交互性

当出现较大的估算差异时，团队成员之间需要充分沟通，在最大值与最小值之间达成平衡，期间也是认知差异的一种碰撞，团队成员之间需要碰撞性交流，最终对估算结果达成共识。

可能的变化

估算的内容和估算的标准，可以依据团队情况进行调整，因为每个团队所用的基准故事点可能不一样，每张估算扑克上的数字所代表的意义也可能不一样，得先有团队内部的标准自定义，才能有真正估算的开始。作为团队的敏捷教练，基于团队的差异化，可以进行各种变化调整。

情绪化反应

从游戏开始前，拿到估算扑克的好奇与兴奋，到游戏开始，真正估算开始时的认真、专注，到估算有差异时的详细阐述。

量化结果

这个游戏不分输赢，只要团队成员学会使用计划扑克进行估算、认同集体估算的重要性和意义就是胜利。

引导问题

1. 你觉得集体估算最大的价值是什么？
2. 在集体估算的过程中，有没有感觉到自己是受尊重的？
3. 如果让自己估算做主，你觉得会有人虚报估算吗？
4. 你会尊重集体估算的结果，按估算承诺的时间高标准完成任务吗？

经验与教训

敏捷团队中如果有技术负责人，很可能会由技术负责人一人估算，一人拍板的情况。有时，这种情况比较难禁止，因为，技术负责人会觉得这是一种很自然的表达，有时也可能是无心的，随口一说。遇到这种情况，敏捷教练要学会合理引导，这种情况不能频繁发生，要让团队所有成员都参与到估算中来。还有可能是因为团队成员个人能力的问题，有些队员估算得非常保守，这时需要发挥技术负责人的专业特长，让他提出一个相对合理的估算建议，在工作量和尊重个人能力之间找到相对的平衡。最后就是团队集体估算习惯的养成，团队内部其实要达成相对的妥协，在一致目标的引导下合理估算。估算扑克作为团队集体估算的利器，每个团队成员都必须参与所有待办事项的估算，而不是估算和自己专长相关的。因此，作为团队的敏捷教练，在团队进行估算时也要尽量在场，主要是进行控场，当然，不是说要压制争议或避免争议。一方面是可以提醒技术负责人少做主观性干预，另一方面是引导团队成员积极参与集体估算，使团队内部达到一种相对和谐的平衡状态，避免一言堂的反复重现，保障敏捷精神与价值观的贯彻执行。

游戏步骤

为了增加互动和帮助读者朋友及时巩固和练习前面介绍的游戏，我们在下文留白，邀请大家参与记下自己的游戏步骤或以视觉化方式来表达游戏实践过程中的关键时刻。

物理看板，最实用的好工具

图解游戏

游戏名称 亲密看板

现实抽象

物理看板是我们在敏捷开发转型实践中重要的"伙伴"。敏捷团队每天都在用物理看板，物理看板可以帮助团队可视化工作流，使得待办的、准备做的、进行中的、已完成的等工作项一目了然。同时，看板也是一个反馈闭环，团队每个工作日都可以在看板前沟通问题、反馈困难、协作改进。我们的敏捷团队可以通过物理看板有效控制进行中的任务，有效地约束在制品的数量，尽量做到每日领取、每日交付。

当然，物理看板也显式说明了团队的流程和游戏规则，所有任务、风险、流程、进度都可以通过看板进行显式的表达。物理看板到底长成什么样？团队成员期待中的看板又长成什么样？如何用起来顺手？团队成员其实是可以自己进行发散性设计的。让团队成员投入到看板的个性设计中，不仅可以引起团队成员对看板的兴趣，使自己设计的物理看板用着更顺手，也可以提升团队成员的成就感，进一步推动物理看板的推广使用。作为团队的敏捷教练，我们可以让团队 DIY 自己的物理看板，把 DIY 看板融合在敏捷转型实践培训中，同时，把看板的 DIY 设计当成一个游戏来做，突出趣味性，效果可能会更好。

关键挑战

团队成员需要在准备做、进行中、已完成三个标准列的基础上进行发散设计，团队成员还没有使用过真正的物理看板，也没有相关的经验，这期间是有挑战性的，在设计上其实需要引导，敏捷教练需要把培训和兴趣引导进行有效融合在游戏当中。

魅力指数	★★★★★
游戏玩家	敏捷教练和团队
适用人数	3 人以上
游戏时长	30 分钟
所需物料	A4 纸、笔、白板和白板笔
游戏场景	室内培训

游戏目标

1. 让团队成员理解物理看板的意义。

2. 引起团队成员对物理看板的兴趣和认同，提升团队成员的成就感。

3. 为物理看板引入团队做好铺垫。

游戏规则

1. 新设计的看板中必须有准备做、进行中和已完成三项。

2. 新设计的看板中要融入故事点燃尽图。

3. 看板中要可以记录每日 Bug 产生的数量。

4. 看板中可以体现一些对产品待办事项的展示。

5. 看板中可以体现当前所在团队的特性部分。

6. 看板需要画在白板上，进行最终展示。

游戏的交互性

团队是由多个角色组成的，一个物理看板要供所有团队成员使用，内容要得到综合展示，所以，团队成员的思路碰撞还是很激烈的，什么需要和什么不需要，要达成共识。

可能的变化

做看板规划是一种，也可以调整成任务状态的更新方式，达成统一的任务状态标签认知，策划得贴合实战就可以。

情绪化反应

团队成员的情绪变化，从规划时的严谨缜密，到分享时如数家珍，到提问时犀利洞察，到点评时慷慨大方和互相点赞。

量化结果

这个游戏不分输赢，只要团队成员能理解物理看板，会用物理看板，认同物理看板即为胜利。

引导问题

1. 你们团队设计的看板与标准看板有哪些不同？
2. 你们团队在内部协商时，关于看板组成部分，有哪些争议点？
3. 你认为物理看板的价值点主要体现在哪些方面？

经验与教训

发现有团队竟然把看板的标题列从一行变成了两行，竟然可以转行，这也是超出了我的想象，一般情况下，我们的看板是一行标题，没有标题转行，体现一个横向的价值流动，这种新奇的想法，敏捷教练可以进行有效引导，不过在整个游戏过程中，团队成员的感触还是非常大的，毕竟是自己设计的看板。在敏捷转型团队真正用看板时，一定要融合进团队成员设计的主要元素并尽力完整呈现，符合团队自己的定位。

游戏步骤

为了增加互动和帮助读者朋友及时巩固和练习前面介绍的游戏，我们在下文留白，邀请大家参与记下自己的游戏步骤或以视觉化方式来表达游戏实践过程中的关键时刻。

工位布局，促进团队协作效率的提升

图解游戏

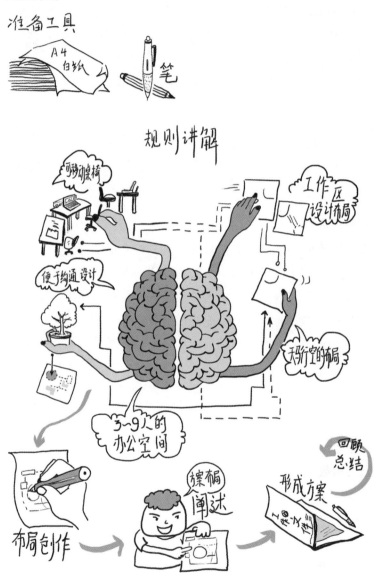

游戏名称　　　完美工作区

现实抽象

　　工作区可以粗暴理解为把一群人弄到一起，一起干活，交付有价值东西的一块区域。我们期待工作区便于所有团队成员直接交流，自由互动，高效沟通，紧密合作。整个工作区最好是开放式的，中间没有隔墙。工作区内的座椅也要相对舒服，桌子可以自由移动。

　　此外，对于工作区内的常规配置，建议要有白板和白板笔，方便团队成员写写画画。试想，当你和团队讲述某个需求或某件事儿时，语言的表述如果加上直观的图示，可以让团队成员更快地理解你想表述的核心内容，所以白板必不可少。当然，投影仪或大的可以投屏的电视等电子输出设备也不可少，团队在沟通一些交互设计和视觉设计样稿时，可以更加直观地看到产品未来的样子，对细节改进建议的提出，非常有帮助。刚才只是提了一些对工作区的要求，也就是我们期待中的工作区可能有的条件，这样的工作区如何布置？如何排列呢？到底怎样才是最完美、最高效的工作区呢？不妨让团队成员放飞思绪，天马行空画一画，不一定能实现，但可以为接下来的敏捷转型团队位置调整提供有利的参考。

关键挑战

　　一切是基于想像，并不能够有效调整现在的工位位置和工位布局，因为大多数公司并不是新建办公室，只能是对现有的工位进行合理的改动，所以有效调动大家的积极性是有挑战的，同时，让团队成员自己想像工位的布局，也是一个挑战。

魅力指数　　★★★★
游戏玩家　　敏捷教练和团队
适用人数　　不限
游戏时长　　30 分钟
所需物料　　工作区布局描画表和笔
游戏场景　　室内培训

游戏目标

1. 让团队成员会有效辨别工位的优劣势。
2. 让团队成员知道坐在一起有助于面对面沟通，提升沟通效率。

游戏规则

1. 工位布局规划时，天马行空，不用拘泥于现有的工位布局。
2. 工位布局规划时，只要自认为合理，可以解释得通就可以。
3. 所设计的工作区需保证有利于面对面沟通，有助于提升工作效率。
4. 工作区内需要配备相应的硬件设备，并且桌椅方便移动。
5. 工作区内可以满足 3～9 人的办公条件，符合独立团队要求。

游戏的交互性

这个游戏的交互性主要表现在团队成员之间进行设计思路的沟通。团队成员之间可以沟通协商，基于现有的工位布局元素进行夸张性的设计布局。在最后的方案优劣势碰撞阶段，也需要阐述彼此的观点，中间也存在思路的碰撞与灵感的交融。

可能的变化

工作区的合理布局也是一种引导高效沟通的措施。其实，引导沟通和阐释高效沟通的方法有多种，工位是其中一种，在实战应用中，只要能引导大家面对面沟通，选择其他的措施也可以。

情绪化反应

团队成员在整个的工作区布局设计过程中表现比较平静，从游戏设计的角度来讲，本游戏主要是为了引起大家的思考与共鸣，不是娱乐性质的。当然，团队成员在思索中探寻最佳的工作区布局方案，对可能出现的工位调整及新的工作区布局依然充满期待。

量化结果

本游戏不分输赢，没有所谓的设计的好与不好之说，只要能理解工作区布局对高效沟通很重要，即为胜利。

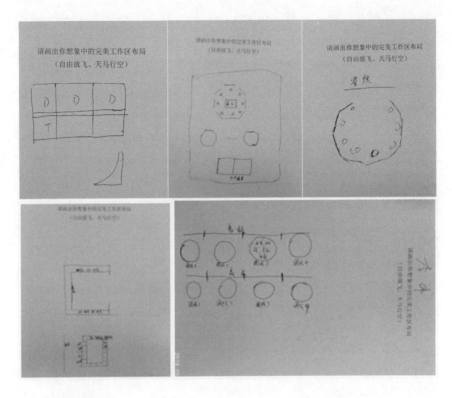

引导问题

1. 你认同工作区布局的优化会促进团队沟通效率的提升吗？

2. 在团队设计的工作区布局方案中，你最认同哪种方案？原因是什么？

3. 基于现有的工作区情况，你认为在哪些方面进行调整可以优化现有的工作区布局？

经验与教训

环形的工作区，背靠背的座位，如果是带滑轮的椅子，不用站起来，只要滑动一下椅子，转一下脸，就可以和团队中的任何人沟通，面对面的语言沟通方式胜过其他任何沟通方式，高效快捷，环形的工作区布局得到了多数成员的认可。

也有同学是基于公司现有的工位进行优化，期待一个团队的成员

可以背对背坐，有紧密联动的团队成员可以坐成一排，这样整个团队可以更好地沟通。其实有人可能会说，面对面坐，不是更好？为什么不如背对背？背对背，扭头、转身就可以看到彼此的电脑桌面，及时针对出现的问题进行沟通，但如果是面对面坐在一张桌子的两边，如果想看到对方的电脑桌面，需要挪动显示器或需要站起来，绕过其他人的工位，站在另一个人边上才能看到他的显示器的桌面的，这大大增加了沟通的成本。有时，可能就是因为不愿意站起来，通过网聊打字加截图的方式来沟通，原本花 1 分钟就可以解释清楚的问题，可能多花 10 分钟也说不清楚。

游戏步骤

为了增加互动和帮助读者朋友及时巩固和练习前面介绍的游戏，我们在下文留白，邀请大家参与记下自己的游戏步骤或以视觉化方式来表达游戏实践过程中的关键时刻。

迭代时间盒，记忆时长与迭代时长之间的平衡点

图解游戏

准备工具

A4白纸　笔　便利贴

游戏环节

①A4纸写下喜欢的菜名

②说出自己写下的菜名

③重复上家报的菜名并说出自己的菜名

④以此类推

⑤失败者跳过

自由发言（感受、看法）

达成集体共识

游戏名称　　串菜名

现实抽象

大多数人的瞬时记忆时长其实是有限的。听一遍，听两遍，听三遍，听四遍，一个需求，听几遍才能理解透彻？才能记得住？又或能记多长时间？一周？两周？三周？还是四周？很难说，但我相信，一个听了两遍的需求，两周时间还能记得清楚，已经难能可贵了。我们需要把迭代周期控制在一个合理的长度内。如果迭代周期太短，可能会因为团队的能力问题或流程执行问题不能产生有效的价值交付。如果迭代周期太长，对整个产品业务来讲，机会成本又太大，不能有效应对市场的千变万化，快速响应因市场瞬息万变所带来的一系列问题。迭代时间盒到底控制在一个什么样的长度内？这个问题是敏捷教练要考虑的，但对团队成员来说，需要考虑哪些问题？他们需要认识到什么样的问题？敏捷教练告诉他们迭代两周，对现在的团队来说比较合适，为什么合适？原因是什么？时间太长记不住，容易忘记，这就是其中的一点原因，为什么我们记不住？记不住是什么感觉？敏捷教练要让团队成员体会到这种感觉，让团队成员产生共识，只有这样，才能有效推行两周的迭代时间盒。

关键挑战

游戏的难度与挑战随着团队成员的增加而增加，团队成员越多，流程就越长，难度相对越大，需要记住的菜名越多，如果有团队成员写一些生僻的菜名，难度会更大，因此，对团队成员的瞬间记忆力要求比较高。

魅力指数　　★★★★★

游戏玩家　　敏捷教练和团队

适用人数　　4 人以上

游戏时长　　30 分钟

所需物料　　A4 纸、笔和便利贴

游戏场景　　室内培训

游戏目标

1. 使团队成员认识到记忆时长与迭代时长的关系，可以有效平衡两者之间的关系。

2. 帮助团队成员在迭代时长与需求故事的理解与记忆间达到相对的平衡。

3. 优选两周迭代长度，增强团队成员对这个迭代时长的认同感。

游戏规则

1. 每个团队成员需要想出一道最喜欢吃的家乡菜，写在 A4 纸或便利贴上，这个菜要有当地特色，越生僻越好，越难记忆越好。

2. 团队成员围坐成一圈，有明显的先后顺序。随机抽取一名团队成员作为游戏的起始点，队员编号为 1 号，按顺时针方向对团队成员进行编号，分别是 1 号、2 号、3 号，以此类推。

3. 1 号队员只说出自己的菜名。

4. 团队成员需按顺时针方向轮转报菜名，下一个人复述出前面所有团队成员曾经说过的菜名并说出自己喜欢吃的家乡菜菜名。

5. 游戏过程中，团队成员间不能有提示。

6. 复述失败者要接受惩罚，惩罚为真心话大冒险。

游戏的交互性

团队成员需要记住彼此的菜名，团队成员之间在游戏期间是没有交流的，瞬间记忆与复述，游戏过程中没有明显交互，仅限于听力识记与笑声传达。

可能的变化

因为是熟悉的同事，所以这里没有用到名字，改成菜名，大家也可以用一些比较难记、比较生僻的东西来策划类似的游戏，保证游戏的属性和娱乐性就可以。

情绪化反应

这个游戏充满了欢乐，团队成员全程爆嗨，复述时的磕磕巴巴给团队成员带来的欢乐和复述不出来而憋得脸红给自己和大家带来的尬乐。

量化结果

游戏规则中没有定义团队输赢，只有个人的输赢。11 号队员没能完成复述，游戏结束后的惩罚为真心话大冒险，再次让大家乐乐。

引导问题

1. 这个游戏带来的最大直观感受是什么？

2. 你觉得需求反复澄清与确认的主要作用是什么？

3. 基于游戏的结果，你觉得你们团队的迭代时长定义为多长比较合适？为什么？

经验与教训

这个游戏让大家懂得了一个道理，有人说："通过这个游戏，我理解了迭代周期为什么要那么短。在游戏中，我深刻体会到记忆的短暂，所以，迭代周期短可以让开发者在开发期间牢记需求，而不至于在开发的过程中反反复复去问产品需求。事实上，产品也没有那么多的时间来澄清需求，所以短时间的迭代能更好地利用时间，更加合理。"为了达到更好的引导效果，通过这个游戏，我们敏捷教练又可以得出什么好的经验教训？对于敏捷教练，这个游戏有几个关键点。首先是营造游戏前的氛围。要轻松一些，容易让大家更全心地投入，比如座位，可以让大家一起坐成一圈，面对面，可以看到彼此的表情变化，情绪的烘托与感染力会更强。其次是游戏难度的设置，人数要相对多一些。人数越多，一个人需要口述的内容就越多，难度就会加大。当然，菜名越复杂，越生僻，难度也会越大。如果团队人数太少，也可以不用菜名，改用复述一句简短的话，可以是描述一件事物。最后是游戏中的场控和游戏后的总结引导。作为敏捷教练，我们不用参与游戏，只需要引导游戏正常进行。我们的主要关注点是游戏结束后的引导，记忆时长向迭代时长的引导，从名词识记向需求识记

的引导，这才是关键，这才是游戏的目标和期待的游戏感悟转化。

游戏步骤

为了增加互动和帮助读者朋友及时巩固和练习前面介绍的游戏，我们在下文留白，邀请大家参与记下自己的游戏步骤或以视觉化方式来表达游戏实践过程中的关键时刻。

迭代节奏感，体验人肉版跳动的字节

图解游戏

准备工具

角色分配

游戏名称　　跳动的字节

现实抽象

敏捷开发中，每一个迭代都是按照固定的迭代节奏稳步迭代的。迭代流程简洁清晰，关键环节清晰可控，职责明确，一环扣一环，一步接一步。只有所有环节都顺畅，才能保证整个交付流程的顺畅。如果一个环节出问题，就会对下游环节产生影响。我们可以把交付流程想像成生产流水线，流水线上的任一点卡顿，都会影响整条流水线的前进，交付也就都停滞了。

再试想一下，我们可以把交付流程比喻成高速公路，交付流程上的每一个环节比喻成高速路上行驶在同一条车道上的汽车，当前方的汽车突然急刹车时，肯定会逼迫后方车辆在急刹车和快速变道中做出选择。如果选择急刹车，不论是否追尾，势必会影响所在车道后方车辆的行进速度。如果选择变道，也有极大的事故风险，给整条高速公路带来安全隐患，甚至可能带来更大的事故。再回到我们的敏捷开发中，环环相扣的紧密节奏就显得尤为重要，富有节奏感的高品质交付节奏，不仅可以实现高品质的持续产出，也容易让团队成员养成计划意识、预备意识，因为每个环节的时间点是相对固定的，团队中每个成员清楚了解每个环节要准备的事情，要完成的事情，降低沟通协调的成本。我们知道，很多的沟通和协调其实是因为不知道彼此要做的事情，和彼此需求配合完成的时间。团队一旦有了节奏感，自然就有了"无声胜有声"的默契，对整个交付效率的提升，起到了巨大的促进作用。为了让团队成员意识到节奏感的重要性，让每一个角色都认识到完美的节奏感离不开每个团队成员的努力，一个人的节奏不是节奏，所有人共同的节奏才是节奏，可以通过这个游戏来让团队成员体验节奏感。

关键挑战

智力与体力的挑战，动脑、动手甚至可能还得动口。动手不是打

人，动口不是骂街。动手是搬脚和搭肩，动口是呐喊助威，高呼口号节奏。人数越多，相当于环节越多，节奏感就越是重要。配合默契非常重要，完美的节奏配合将决定团队的耗时。

魅力指数	★★★★★
游戏玩家	敏捷教练、固定队员、随机队员和干扰人员
适用人数	6 人以上
游戏时长	30 分钟
所需物料	某一中心点物品和耗时统计表
游戏场景	室内培训

游戏目标

1. 使团队成员认识到节奏感的重要性。

2. 促进敏捷 Scrum 框架流程的落地执行。

游戏规则

1. 团队成员分成 3 个角色，固定队员、随机队员和干扰人员。

2. 随机队员 3 名、干扰人员 1 名，其他都是固定人员。

3. 固定队员围成一圈，每人仅用左脚撑地。后一人的左手搭在前一个人肩膀上，右手拖住前一人的右脚。

4. 围绕某一固定的室内目标转圈，每次不断改进，不断反思。

5. 游戏一共三轮，第一轮中，固定队员围绕某一固定的室内目标转 2 圈，干扰人员进行干扰，统计完成时长，如有同学的脚掉下来，则停止比赛，待恢复队形后再开始。

6. 第二轮中，插入 1 名随机队员，团队成员围绕某一固定的室内目标转 2 圈，干扰人员进行干扰，统计完成时长，如有同学的脚掉下来，则停止比赛，待恢复队形后再开始。

7. 第三轮中，插入 2 名随机队员，团队成员围绕某一固定的室内目标转 2 圈，干扰人员进行干扰，统计完成时长，如有同学的脚掉下来，则停止比赛，待恢复队形后再开始。

游戏的交互性

完美的节奏才能保障完美的步伐，完美的步伐才能提高速度，从而获得游戏的胜利，为了胜利，团队成员需要协同、磨合和配合，商议节拍和步伐大小，其间需要反复沟通和试错。

可能的变化

游戏可以策划为一组迭代改进式，优点是比较符合敏捷团队的人数特性，因为敏捷团队一般 3～9 人，如果分组，会降低游戏的难度，不能充分体验到节奏感对团队的影响。如果团队人数很多，或者是几个团队一起玩，则可以策划成几组的对抗比赛，这样可以增加游戏的娱乐性与竞争性。作为团队的敏捷教练，可以根据所带团队的具体情况进行调整，重点在于感悟与总结。

情绪化反应

这是一个欢乐的游戏，每一个人就像一个跳动的字节与音符。杂乱无章的节奏让人崩溃，当然也会有抱怨。队员的身体在向前俯冲，心跳加速，气喘吁吁，满头大汗，偶尔的"和谐韵律"让人"神清气爽"。游戏过程中，欢乐依然是主调，游戏结束后，是平静之后深沉的思考。

量化结果

游戏不分输赢，只要团队成员认识到节奏感的重要性就算赢。

轮次	耗时(秒)	失败次数
第一轮	13	2
第二轮	18	3
第三轮	20	2

引导问题

1. 通过游戏，你有没有认识到节奏感的重要性？

2. 为了让大家能保证同样的节奏和一样的步点，你们做过哪些改

进与尝试？

3. 引申到敏捷迭代开发中，你觉得节奏变化会给我们团队带来哪些影响？

4. 你觉得哪些因素会造成团队节奏感的变化？

经验与教训

游戏其实很简单，难在配合，难在节奏感的把握。游戏刚开始，脚碰脚，人碰人，脚掉下，人晃动，只能说是蠕动，而不是有规律地前行。干扰人员在起哄骚扰，作为外力的影响因子，进一步影响着团队的综合表现，结果就是不倒翁也会倒，不该乱也会乱。临时人员的加入更是给团队带来了"灾难"，稍微好一点的节奏，在新人加入后，重新变得没有"章法"，乱序丛生。外因与内因种种因素的累加，给有序节奏的产生带来了不小的困难，无序的节奏造成团队成员间步调的不统一，"事故"频发，成绩一般。游戏整个过程下来，团队成员深刻认识到节奏感的重要性，要想让一个多人组成的团队环环相扣和高效前进，团队成员间统一协调的节奏不可少。迁移到我们的敏捷开发中来，如果要想保证迭代的成功交付，迭代中每个环节都不出错，紧密衔接、环环相扣就变得非常重要，任何一个环节的错位与拖拉延期，都会造成迭代的失败，影响迭代的成功交付。同时，节奏感也是习惯养成的一部分，迭代中有固定的时间节点，每个人应该知道自己在某个时点需要做什么，需要交付什么，养成固定的生物钟，形成固定性反应，不能让人去催，这也是节奏感组成的一部分。

综上所述，节奏感的养成对敏捷团队来讲非常的重要，不论是迭代间的衔接还是迭代内部任务的衔接，甚至角色职能的衔接，都非常重要。

📝 游戏步骤

为了增加互动和帮助读者朋友及时巩固和练习前面介绍的游戏，我们在下文留白，邀请大家参与记下自己的游戏步骤或以视觉化方式来表达游戏实践过程中的关键时刻。

风险识别，揭开燃尽图的面纱

图解游戏

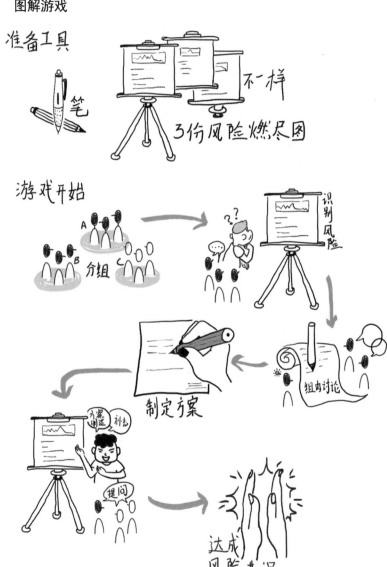

准备工具
笔
不一样
3份风险燃尽图

游戏开始
A B C 分组
识别风险
组内讨论
制定方案
方案明述 补充
提问
达成风险共识

游戏名称　　秘境寻踪

现实抽象

我们知道，燃尽图用来燃尽开发完成的故事点数，而不是燃尽工作小时数，燃尽图的纵轴展示故事点数，燃尽图的横轴展示当前迭代的天数。团队每天更新燃尽图，如果在迭代结束时，故事点数降低到0，迭代就成功结束。在敏捷开发迭代过程中，团队成员间的配合问题、流程熟悉问题、准备是否充分问题和未知风险问题等，都会对每天燃尽的故事点数产生影响。燃尽图所展示出来的趋势也会产生很大的差异，趋势可能是稳步下降，趋势可能是先上升再下降，趋势可能是波浪起伏再下降，趋势可能是一条平平的直线等等，千奇百怪。这些形态各异的燃尽趋势线到底代表什么？能反映出团队在迭代中到底经历了什么吗？在迭代中，我们通过对燃尽趋势线的观察，又能提前预知到什么风险？是否可以及时发现问题，帮助团队摆脱困境？在迭代结束后，我们通过对燃尽趋势线的观察分析，如何帮助团队分析现存的问题，帮助团队改进提升，使迭代交付更加平稳顺利？

综上所述，燃尽图就是团队的"健康指数"，燃尽图燃尽的完美，就相当于团队交付的完美。燃尽图诡异曲线的产生，就表示团队出现了某方面的问题。因此，作为团队的敏捷教练，有必要培养团队成员学会如何观察与分析燃尽图，提升团队成员的识图与鉴图能力。

关键挑战

团队成员需要知道什么是燃尽图。要具备图形识别能力，能通过燃尽图趋势线，识别出团队在迭代中可能出现的问题。要具有图形转化、问题发现和分析能力，风险识别与判断能力。这些对刚转型敏捷开发的团队成员来讲都是第一次，是有挑战的。

魅力指数　　★★★★★
游戏玩家　　敏捷教练和团队
适用人数　　3 人以上
游戏时长　　30 分钟

所需物料　　3 份不一样的风险燃尽图和笔

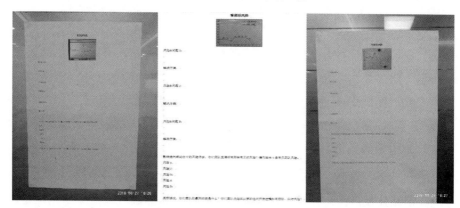

游戏场景　　室内培训

游戏目标

1. 使团队成员学会分析燃尽图，可以看图识风险。

2. 提升团队成员的风险识别能力，在迭代过程当中可以有效发现和预知风险。

3. 促使燃尽图在团队的执行落地。

游戏规则

1. 把团队成员分为 A/B/C 三组。

2. A/B/C 三组自由选择其中一幅燃尽图进行分析，不提前指定。

3. A/B/C 三组从归属的燃尽图中至少识别出 3 个风险，并提出具体的应对方案。

4. A/B/C 三组需要列出至少 5 个影响迭代成功交付的常见风险，并提出具体的应对方案。

5. 游戏不分输赢，完成风险识别并能有效阐述风险与应对方案即可。

游戏的交互性

A/B/C 三组的组员需要把自己的判断分享给自己组的成员，共同确认出某个风险，一起找到可以在本团队执行落地的改进、应对方案。每个团队的燃尽图是不一样的，需要把视角停留在团队内部，中间会有争议，需要经过反复沟通，达成共识。

可能的变化

可以提供更多有代表性的燃尽图让团队成员判断，除了燃尽图，也可以是常见的案例和典型问题，只要里面有潜藏的风险即可，目的是锻炼团队成员的问题发现与应对能力，敏捷教练可以基于场景化需求，进行实战应对调整。

情绪化反应

因为有些团队成员还没有见过燃尽图，所以游戏开始前还是很好奇。在识别风险时，团队成员还是很认真的，整个过程认真讨论，缜密编写。在最后的风险与方案阐述时，依然是聚精会神地听。

量化结果

这个游戏不分输赢，只要各组的队员能有效识别出燃尽图中的风险，并能形成有效的风险应对方案即为胜利。

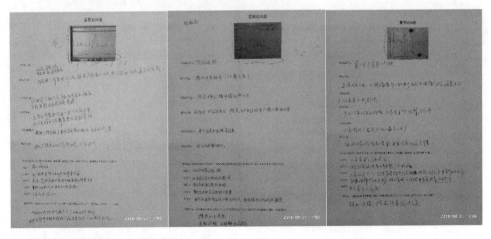

引导问题

1. 影响迭代成功交付的风险很多，团队觉得还有哪些常见的风

险？请列举出 5 条常见团队风险。

2. 回顾游戏，团队的最大收获是什么？你的最大收获又是什么？

3. 团队决定在以后的迭代开发过程中如何预防和应对风险？

经验与教训

谈到游戏的收获时，一个团队说一个版本的成功离不开团队的配合协作，迭代过程中可能出现的风险更需要团队共同克服。一个团队说要尽力避免风险，如果发现风险，要及时解决。一个团队说要可以预知风险，提前准备风险应急方案。综合来说，通过本次游戏，让团队意识到风险识别和风险应急方案的重要性，就实现了这个游戏的既定目标。每个团队成员都可以通过燃尽图识别风险，在以后的敏捷迭代中，如果在故事点燃尽时，燃尽图出现了异常，团队成员可以自我识别，有效发现问题，及时解决，为迭代的成功提供有力的保障，这样就实现了游戏的超预期效果。在整个风险的识别过程当中，敏捷教练也要进行合理的引导，解释波峰与波谷，帮助团队达成共识。

📝 **游戏步骤**

为了增加互动和帮助读者朋友及时巩固和练习前面介绍的游戏，我们在下文留白，邀请大家参与记下自己的游戏步骤或以视觉化方式来表达游戏实践过程中的关键时刻。

_____

_____

_____

_____

_____

_____

_____

_____

认知 MVP，可用的底线在哪里？

图解游戏

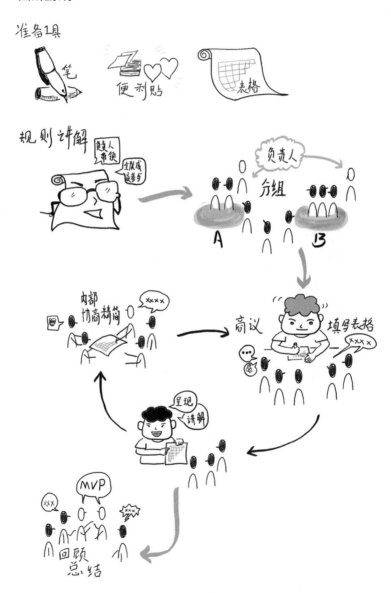

游戏名称　　美美哒

现实抽象

　　MVP 是最简化可行产品的简称。最简化可行产品是指以尽可能低的成本展现产品的核心概念，用最快、最简的方式建立一个可用的产品原型，用这个原型表达出产品最终想要的效果，然后通过迭代来完善细节。这就是所谓的化繁为简，这个简单的原则目前大行其道，一直适用于研发与设计体系。但是，我在敏捷开发转型实践中发现，有些产品负责人总想一步到位，就想一次性做成一个完美的产品，具备所有的功能。要知道，这样的事情实现起来是有难度的，并且需要用到很多资源，关键是机会成本，因为如果一个产品花了很长的时间、用了很多的资源做出来了，但是客户根本不需要，要返工。如果这时才发现，损失会有多大？所以说，先做出一个原型，最简单的可以体验的原型，在原型的基础上逐步进行反馈性的改进，是最有益和有效的方法，但如何化繁为简，如何取舍？如果取舍不好，难免会单纯认为 MVP 就是发布粗的产品。其实，MVP 并不是要发布用户只有特定场景下使用的产品，也不是只把产品发布给忍受度非常高的用户，如果用错误的 MVP 定义来切分自己的每一次发布，就会产生负面效应，不会给人留下深刻的印象，公司品牌也会受损，这样的发布还不如不做。因此，作为团队的敏捷教练，有必要通过游戏化的方式使团队成员知道什么是 MVP、什么是化繁为简、什么是最快以及最简的底线。

关键挑战

　　就 MVP 来讲，团队成员需要知道并深刻理解什么是 MVP，如果是初步接触，可能会有挑战。此外，这个游戏要求团队成员梳理好从起床到公司的 20 个步骤，这 20 步是敏捷教练的人为设定，并不是大多数队员的日常行为，中间需要碰撞和想清楚，这也是一个难点，还有就是最后对 20 步一步一步地进行删减与取舍，也会变得越来越困难。

魅力指数　　★★★★★
游戏玩家　　敏捷教练和团队
适用人数　　4 人以上

	游戏时长	30 分钟

游戏时长　　30 分钟

所需物料　　起床 20 步表格、笔和便利贴

从起床到公司拆分为 20 个步骤

步骤	事项	事项	事项	事项	事项	事项
第 1 步						
第 2 步						
第 3 步						
第 4 步						
第 5 步						
第 6 步						
第 7 步						
第 8 步						
第 9 步						
第 10 步						
第 11 步						
第 12 步						
第 13 步						
第 14 步						
第 15 步						
第 16 步						
第 17 步						
第 18 步						
第 19 步						
第 20 步						

游戏场景　　室内培训

游戏目标

1. 加深团队成员对 MVP 概念的理解。

2. 强化产品负责人在团队中的大脑作用，提升团队向心力。

游戏规则

1. 团队成员以产品负责人为核心自由组合，分成 A/B 两组。

2. 每组组长由产品负责人担任，负责组织团队成员编写从起床到公司的步骤，并逐步优化精简。

3. 团队成员都要参与其中，并在规定时间内完成精简。

4. 游戏过程中一共需要 5 次精简，从当初的 20 步精简为 1 步。

游戏的交互性

同样的步骤，同样的事情，不一样的人，认知是不一样的，比如，早上洗澡，不同的人对其重要性的判断也是不一样的，团队成员需要对每一个事情达成共识，其间的碰撞在所难免，在平衡中完成精简的统一。

可能的变化

游戏可以是起床到公司，也可以是开发一个系统，也可以是做个蛋糕，开发一辆交通工具，场景可以随意设定，满足 MVP 的要求就可以。

情绪化反应

游戏过程中，团队成员有欢乐，也有冷静，有矜持，也有释放天性，最终，团队在不可思议中一次次突破自己的底线。

量化结果

这个游戏不分输赢，只有认知的改变，简、最简，MVP 的精髓，只要能有这种意识，就算赢。

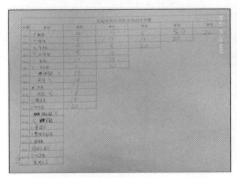 

引导问题

1. 你是如何一步步突破自己的底线删减掉自己原以为必须要做的事？

2. 通过这个游戏，你对 MVP 有了哪些理解？

3. 基于游戏过程中的感悟，联想到敏捷开发。在我们的迭代开发过程中，是否有违背 MVP 原则的事？出现这种事情时，你准备如何应对？

经验与教训

团队在一次次精简中去除了很多繁琐的步骤，比如扔垃圾，比如擦脸，到后来，脸都可以不洗来上班。再到最后，竟然可以无底线地不穿衣服就来上班。在产品设计中也同样适用，先通过最简单的设计来制造出产品，检验最初的假设，并逐步完善，不一定非要一步到位，可以逐步完善。这是我们希望团队成员可以通过游戏感悟到的启示与启发。并且，我们希望这个启发可以应用到迭代开发中，特别是在产品的设计阶段，过于追求"完美"可能会错失掉绝佳的市场时机。得不到最合理、最准确的市场反馈，萌芽和成长的动机也会被扼杀。互联网时代，更要求我们小步快跑，快速试错，不论事情的对错，干了再说，一句话，就是干，想到了就干，干的结果如何，等市场的检验。一切变化太快，如果不干，真等事情想清楚，可能已经晚了，蛋糕已经被别人抢走了。国内最近成长起来的互联网巨头，大多数都是快速试错和小步快跑而迅速成为行业独角兽的，如共享单车、移动支付、下沉市场的电子商务和上门服务等等，成长都符合敏捷精神，在没有任何可以参照的创新领域独立拼杀，基于市场的反馈快速改进直到最终取得成功。这种精神要能够在我们的敏捷团队长存。

📝 游戏步骤

为了增加互动和帮助读者朋友及时巩固和练习前面介绍的游戏，我们在下文留白，邀请大家参与记下自己的游戏步骤或以视觉化方式来表达游戏实践过程中的关键时刻。

_____

_____

_____

流程梳理，集中整治"脏乱差"

图解游戏

游戏名称　　　团队流程我作主

现实抽象

一个已经运行多个迭代的非敏捷团队，不一定所有人都知道现在的项目管理流程，也可能有很多团队成员就根本不知道现在运行的项目有标准固定的流程，也有可能团队成员间理解的流程不一样。更有甚者，全流程的上下游对接关系都不知道。我们不能一刀切说团队没有流程规范，没有项目管理，只能说在流程的统一认知和贯彻执行上存在着偏差。团队到底执行什么样的流程？对此，每个人理解不一样。是不是高效？不一而知。作为团队的敏捷教练，在敏捷转型前期或是敏捷培训中，有必要搞清楚团队现存的项目管理流程以及各个角色之间是如何对接的。

游戏是一个很好的方式，游戏会让大家比较放松，更容易接受差异，更容易达成共识。在游戏过程中，让队员画出团队中现有自认为正确的流程。游戏结束后，看看大家在一个团队中，到底有多少个异样的流程。这对还没有开始敏捷转型的团队非常有必要。对敏捷教练也非常重要。对团队成员来讲，明确、统一和清晰的流程尤其重要。

关键挑战

多数团队成员没有项目管理知识，更没有全局意识，或者说，多数队员原来根本不关心流程，并不知道上下游的对接关系，不知道流程如何转，所以第一次独自画流程，会有挑战。

魅力指数　　　★★★★
游戏玩家　　　敏捷教练和团队
适用人数　　　不限
游戏时长　　　40 分钟
所需物料　　　A4 纸、笔和敏捷 Scrum 流程

客户/市场......

产品经理

Scrum Master

24小时

每日站会

燃尽图

迭代周期
2~4周

产品待办事项表　　迭代计划会　　迭代待办事项表

潜在可发布增量

评审会

回顾会

游戏场景　　室内培训

游戏目标

1. 使团队成员认识到团队内部在流程认知方面的问题。

2. 团队群策群力，结合敏捷 Scrum 框架，讨论现有流程的问题及对策。

3. 在团队流程统一方面达成统一认知，使工作流程规范化和统一化。

游戏规则

1. 游戏共分为两个阶段。

2. 第一阶段，团队成员需要独自回忆和描画团队现存流程。

3. 第二阶段，把团队成员分为 A/B 两个小组，各小组成员群策群力，积极参与流程问题发现与对策讨论。

4. 在小组讨论过程中要做到互相尊重，自由发言。

5. 游戏不分输赢。

游戏的交互性

团队成员在游戏前期是以独立的个体存在的，有独立的认知和思考，不交流。在小组讨论阶段，后期需要结合敏捷原则，与其他团队成员充分沟通与协商，协同制定心中完美的流程。

可能的变化

我们主观认为团队成员都应该知道的事情，他们不一定都知道。还有，即使每个人都知道，但知道的也可能不一样。同样的事，认知是不一样的。敏捷教练可以依据团队实际情况进行改进认知。

情绪化反应

在游戏第一阶段是独立思考，每个人都比较沉默，画着自认为正确的流程，在第一阶段的个人自由发言阶段，当看到每一个人都不一样的流程时，表现出震惊，一个团队 8 个人，8 个人不一样。在游戏的第二阶段，是认知上的碰撞，有些认为在现实中是这么做的，有些认为现实中不是这么做的，情绪上会有起伏。

量化结果

这个游戏不分输赢，只要求在现存流程问题上达成认知统一，形成统一的流程观念。

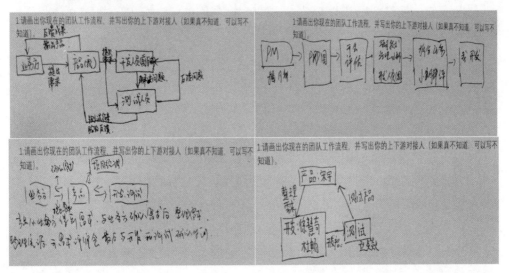

引导问题

1. 游戏结果发现，每个人自认为正确的团队工作流程，竟然都不太一样，是你前期能想像得到的吗？

2. 你觉得执行流程的不统一会给团队的工作带来什么样的问题？请举例说明你在工作中碰到过的类似问题。

3. 关于流程问题，你觉得当前团队需要进行哪些方面的提升？

4. 关于统一的敏捷 Scrum 流程，你觉得如何引入比较合适？是否要取舍？如何更好地在团队中落地执行，请发表你的观点。

经验与教训

流程是团队项目执行中，保障每一个环节顺利开展并有效执行，没有统一规范高效的流程，就不能有效统一团队的迭代节奏，团队中相关联人员的衔接就会出现问题，团队成员的步调不一致，就会造成相互等待，从而造成资源浪费。同时，流程的认知差异，也会带来沟通的矛盾，产生"我以为的我以为"问题，也是团队低效交付的原因之一。在整个敏捷转型的过程中，流程认知与协同统一，是转型成功的关键，团队成员步调一致、协同开发共进退，才是团队高品质高效率交付与迭代成功的有利保证。

观察游戏第一阶段的交付物发现，同一团队的不同队员输出的流程都不一样，竟然没有一个相同的流程，这是一个非常值得警觉的现象，也是一个非常值得改进的问题。作为团队的敏捷教练，主要是通过发现问题来改进问题，如果团队本身并没有问题，那还需要教练吗？在没有问题的团队推行新的东西，无异于"无病呻吟"。敏捷教练要以问题为突破口和切入点，发现问题，改进问题，基于方案引入敏捷 Scrum 流程，以帮助团队的角度，而非强压团队的角度来引入新的东西，帮助团队提升，因为问题是团队发现的，方案是群策群力想出的，敏捷 Scrum 流程是大家都认同的，一切都是那么的合理和自然。

📝 游戏步骤

为了增加互动和帮助读者朋友及时巩固和练习前面介绍的游戏，我们在下文留白，邀请大家参与记下自己的游戏步骤或以视觉化方式来表达游戏实践过程中的关键时刻。

流程模拟，一气呵成的 Scrum 五项活动

图解游戏

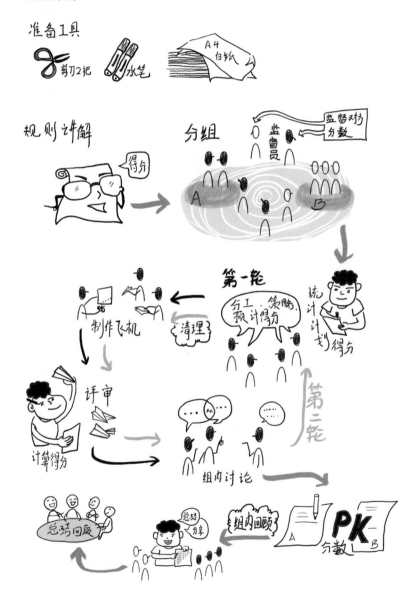

游戏名称　　纸飞机

现实抽象

敏捷培训中，学完了敏捷 Scrum 框架的 3355，如五项活动：产品待办事项梳理、迭代计划会、每日站会、迭代评审会和迭代回顾会，也知道了每项活动的意义和关键点，但几项活动如何串起来？团队之间又如何协同，如何使用呢？对一个新的敏捷团队来讲，需要模拟练习。纸飞机，一个儿时经常玩的折纸项目，看似简单，但可以有效模拟 Scrum 框架中的五项活动。为了让团队成员更好地理解敏捷 Scrum 流程，以便在后面的迭代开发中熟练使用并贯彻执行敏捷 Scrum 流程，作为团队的敏捷教练，有必要以游戏模拟的方式让团队成员更加深切地感受到敏捷 Scrum 流程的魅力。

关键挑战

要在相对短暂的时间内学会折纸飞机，就像团队为了完成一个新的任务，要去学习新的技术一样，对团队的学习能力和应变能力也是一种挑战。此外，还有可能是团队成员第一次使用敏捷 Scrum 流程，所以，执行准确性与流程角色衔接上也存在挑战。

魅力指数　　★★★★★

游戏玩家　　敏捷教练、队员和监督员

适用人数　　5 人以上

游戏时长　　30 分钟

所需物料　　剪刀 2 把，水笔 2 支，A4 纸若干，样机 3 种，计分表

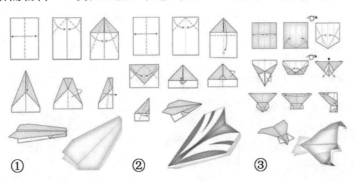

①　　　　　　②　　　　　　③

游戏场景　　室内培训。

游戏目标

1. 使团队成员熟悉并学会敏捷 Scrum 流程。
2. 使团队成员充分体验估算、评审及团队分工协作。

游戏规则

1. 第一种飞机，每一个完整交付得 1 分。
2. 第二种飞机，每一个完整交付得 2 分。
3. 第三种飞机，每一个完整交付得 3 分。
4. 每一轮开始的时候，需要将裁剪过的纸张和未完成的扔掉。
5. 监督员负责评审飞机是否符合标准。
6. 监督员记录每一轮的得分，便于进行对比、分析及总结。
7. 游戏过程中，敏捷教练负责计时与提醒。
8. 在规定的时间内，得分最多的小组获胜。

游戏的交互性

团队成员之间首先需要协商选型，选出适合团队的飞机模型，在制作难度、得分和时间限制之间找到平衡，进行取舍性选择，对于制作步骤也要进行协同，设定目标，统一目标，完成目标。

可能的变化

不一定是飞机，可以是其他的项目，比如棉花糖游戏和宝塔游戏等，只要能体现制作过程，能够优化改进，就可以，满足寓教于乐，有动手体验和改进，就可以。

情绪化反应

这是一个欢快的游戏，游戏开始前满满的期待与屏气凝神，游戏开始后的紧张，游戏过程中的团结，游戏结束后的沉思与收获。

量化结果

综合比赛得分情况，A 组获胜。

轮次	A 组		B 组	
	计划得分	实际得分	计划得分	实际得分
第一轮	25	27	10	10
第二轮	30	28	15	28

引导问题

1. 你对你们组的表现满意吗?

2. 你们的计划得分是如何估出来的?

3. 你如何理解计划得分与实际得分之间的偏差?

4. 在实际的迭代开发过程中,你倾向于乐观估算还是保守估算?

经验与教训

两个团队可以看出明显的差异,一个团队估算激进,一个团队估算保守。激进与勇气到底是什么样的关系,需要团队持续讨论。A 团队估计得 25 分,结果得了 27 分,另一个团队估计得 10 分,结果得 10 分,看似都完美,但中间的问题我们应该发现,是不是有一个团队的能力没有得到充分的发挥而导致团队的产能有问题,资源被浪费了?其实在真实的敏捷迭代执行中,这样的事情常有发生,有些团队工作保守,只领取自己觉得可以干完的活,不愿意冒险和尝试领取更多的任务,用永不犯错的心态认领最保险的任务。其实这种迭代的成功也不是成功的,对公司来说,虽然允许开发团队自己评估和认领任务,但并不认可这种相对懈怠、相对保守的工作态度,敏捷教练一旦发现,要及时对团队进行辅导和引导。

游戏步骤

为了增加互动和帮助读者朋友及时巩固和练习前面介绍的游戏,我们在下文留白,邀请大家参与记下自己的游戏步骤或以视觉化方式来表达游戏实践过程中的关键时刻。

_____

_____

_____

资源瓶颈，明晰资源限制与依赖

图解游戏

游戏名称　　美味披萨

现实抽象

敏捷开发中强调 3～9 人的小团队，强调端到端的交付。极端来讲，就是在这个小团队内部，什么事情都可以搞定，完全不需要依赖外部资源。这只是比较完美的情况或仅有部分团队如此，大多数团队还是需要依赖部分外部资源，他们干不完所有的事情，认领不完所有的任务。团队之间依然会有依赖，不仅仅是任务之间的耦合与依赖，还有对相同资源的依赖，在资源与迭代工作量的平衡上，如果有几个团队同时依赖于一个资源，但公司的资源总量是有限的，瓶颈必不可免，迭代中出现了瓶颈问题，团队如何应对？作为团队的敏捷教练，我们可以让团队成员通过游戏模拟，让团队成员通过游戏过程中的深切感受，学会柔性处理，合理评估，正确看待，而不是抱怨资源冲突、迭代失败。

关键挑战

团队在游戏过程中，需要执行 Scrum 流程，但任务之间存在着相互的依赖和资源限制所带来的等待，对开发团队来说，这是他们所面临的新困难。

魅力指数　　★★★★★

游戏玩家　　敏捷教练、队员、监督员和计时员

适用人数　　8 人以上

游戏时长　　30 分钟

所需物料　　剪刀 2 把，胶棒 4 支，红色水彩笔 2 只，黄色、红色便利贴若干，A4 纸若干，计时器，烤箱一个(虚拟物品)

游戏场景　　室内培训

游戏目标

1. 使团队成员明晰资源限制与依赖。

2. 使团队成员充分体验敏捷团队怎样运转、如何分工协作以及如何完成任务的。

3. 探索团队之间差距产生的原因，引导团队成员进行差距分析，激发大家积极合作解决问题和减少差距。

4. 探索如何在固定时间盒内达到成果最优化、减少浪费以及反思团队成果提高或降低的原因。

游戏规则

1. 粉色便利贴代表香肠，一张便利贴需要等分剪出 3 个香肠，香肠为长条形。

2. 黄色便利贴代表菠萝，一张便利贴需要等分剪出 3 个菠萝，菠萝为长条形。

3. A4 纸代表面饼，一张 A4 纸可以制作一个面饼，面饼为圆形。

4. 番茄酱用红色水笔色代替。

5. 一个披萨要包含 1 个面饼，4 根香肠，5 条菠萝，若干番茄酱。

6. 完成一个披萨加 10 分。

7. 浪费一个面饼减 4 分。

8. 浪费一个香肠或者菠萝减 1 分。

9. 没有完成烘烤的均属于浪费，不加分，扣减相应分数。

10. 监督员评审披萨是否符合标准并计分。

11. 游戏过程中只有一个烤箱，由双方选派的计时员共同把守。

12. 计时员严格把控烤箱时间，每次烘烤需要 20 秒。

13. 烤箱每次最多可烤 3 个，如 3 个已满，需排队。

14. 记录每一轮的得分成果，便于进行对比、分析及总结。

15. 在规定的时间内，A/B 两个小组做出尽可能多的披萨，获得最高分数的小组获胜。

游戏的交互性

团队成员之间需要紧密协作，步骤之间尽显分工与协作，产出的时间要与烤箱的闲置时间形成有效的契合，减少等待造成的浪费。

可能的变化

游戏中的瓶颈可以是烤箱，也可以是纸张，也可以是敏捷教练设定的其他瓶颈，关键是让团队产生深切的感受。

情绪化反应

这是一个欢乐的游戏，游戏开始前是好奇，游戏过程中是全程的紧张与兴奋，全情投入，充满欢乐。

量化结果

综合比赛得分情况，A组获胜。

轮次	A 组		B 组	
	计划得分	实际得分	计划得分	实际得分
第一轮	60	21	60	50
第二轮	60	57	60	35

引导问题

1. 你们团队是否存在乐观估计的情况？
2. 你觉得一个烤箱的资源限制，给团队带来的最大困难是什么？
3. 游戏过程中团队是如何做到合理计划和减少资源浪费的？
4. 这个游戏给你本身带来的最大感悟是什么？

经验与教训

迭代开始时，团队会给出一个计划得分，迭代结束会统计团队实际得分，可以明显看到第二次迭代比第一次迭代得分更高，计划得分和实际得分之间的差异更小，一方面是由于团队回顾改进了工作方法，一方面是由于团队磨合好，配合默契，另一方面也反映了团队在估算能力上的提升。但是最重要的是，团队学会了如何解决对瓶颈资源的依赖，学会了平衡，平衡团队之间，平衡团队内部，在产出的同时，综合考虑对资源的依赖与消耗，减少废品所产生的浪费，减少等

待产生的浪费，优化排队，团队成员深切体会，实战感受，为以后迭代的成功交付提升了必要的模拟和应对保证。

游戏步骤

为了增加互动和帮助读者朋友及时巩固和练习前面介绍的游戏，我们在下文留白，邀请大家参与记下自己的游戏步骤或以视觉化方式来表达游戏实践过程中的关键时刻。

知识秀，敏捷理论齐总结

图解游戏

准备工具

白板笔　　白纸 A3　　美工胶

规则讲解

（不看教材）（全情投入）（思维导图）→ 分组（A　B）

→ 发物料 → 贴纸 → 呈现知识点（侦查员）→ 完善知识点 → 呈现（答疑）（提问）→ 自由发言 → 总结（达成共识）

游戏名称　　侦查员

现实抽象

左耳朵进、右耳朵出，即使培训完了，团队成员也不一定能记得清楚相关的敏捷知识点，更别提能理解和灵活应用了。如果通过考试的形式来检验大家对敏捷知识点的掌握程度，又比较呆板，缺少互动与场景式体验。即使试卷出好了，所有团队成员也参加了考试，成绩出来，该不学的还不学，该不会的还是不会，不想记的就是不记。因此，对成年人来说，考试不一定能起到相应的作用。当然，考试也不是我们学习敏捷的目的，我们的目的是期待团队成员可以记得住并理解相应的敏捷知识点，并不是取得多高的分数。

作为团队的敏捷教练，我们需要去想其他的办法，结合以往的经验，团队集体回忆的方式，相对比较有效。大家一起回忆，一起"套路"，相互激发，可以有效唤醒脑海中残存的记忆，加上组内再次讨论，互相提醒，相当于重温了一遍，加深了记忆。然后再通过问答环节，驱动和强化团队回忆的知识点，相当于又记了一遍，对实现最终的敏捷知识点掌握，会起到比较好的助推作用。

关键挑战

团队成员只能回忆和讨论，不能翻看笔记，需要接受其他组的挑战，回答比较尖锐的敏捷相关知识，需要具备比较强的应变能力，需要对敏捷知识点有比较深刻的理解。这些要求，对刚刚学过一点敏捷知识的团队成员来讲，是有挑战的。

魅力指数　　★★★★★

游戏玩家　　敏捷教练、队员

适用人数　　不限

游戏时长　　60分钟

所需物料　　A3纸若干、白板笔若干和美工胶

游戏场景　　室内培训

游戏目标

1. 强制团队成员对敏捷知识点进行回顾和强化记忆。

2. 提升团队成员对敏捷相关知识点的解答与应变能力。

游戏规则

1. 尽力用思维导图的形式呈现敏捷培训期间所学到的知识。

2. 游戏过程中不能翻看教材和培训笔记。

3. 全情投入，每个组员都必须对团队有贡献，都必须参与其中。

4. 采用小组集体呈现的方式，每个组员都要参与到呈现中。

5. 每组呈现后，其他组成员可以提问、可以提出挑战，被提问的小组要尽力进行答疑。

6. 游戏不分输赢。

游戏的交互性

因为不能翻看笔记和教材，团队成员间需通过沟通来全面掌握知识点。对思维导图布局的规划和章节体系的规划，团队内部需要进行充分的协商。

可能的变化

可以用于敏捷培训后的知识体系回忆，也可以用于团队迭代问题的回顾与反思。只要能以脑图的形式来呈现整个知识轮廓和问题轮廓就可以。敏捷教练可以基于团队实际情况进行针对性调整。

情绪化反应

游戏刚开始，讲完规则后，因为不能翻书，团队成员有点紧张，或者说是焦虑。迫于规则的要求，只能一点一点憋出来，其间开始互帮互助，修修补补，逐渐自信，逐渐快乐。特别是到了派遣侦查员环节，因为要去对方小组窃取情报，所以会被驱赶，而侦查员还必须得嬉皮笑脸地厚着脸皮去侦查，使得团队氛围一下子好了起来。

量化结果

这个游戏不分输赢，重点考核团队成员对敏捷知识点的回顾、理解与掌握。只要团队成员能全身心投入游戏，能听进别人讲的，能引起回忆并有所触动，就算赢。

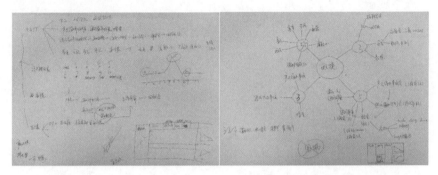

引导问题

1. 在开始回忆以前，你认为你们小组能写这么多吗？

2. 在自己回忆与团队成员的互帮回忆中，你对敏捷中的哪个知识点印象最深刻？原因是什么？

3. 敏捷转型马上要开始了，你的期待是什么？害怕的又是什么？

经验与教训

知识点回顾梳理的过程当中，要注重引导，不赞同翻看笔记和教材，期待通过相互讨论来激活脑海中那一点点残存的记忆，使整个敏捷知识体系逐渐完善，避免填鸭式的引导。要注重讨论中的互相启发，由一个知识点去联想到另一个知识点。思维导图是比较好的表达形式，当然，在回忆的过程当中不限于思维导图的记录形式，团队最终要通过语言述说来呈现整个敏捷知识体系。所以，形式只是表象，关键依然在于对敏捷核心知识点的掌握。作为团队的敏捷教练，在基础理论讲解完成后，可以采用这样的检测方式，多互动，多启发，多引导。在规则化游戏过程中完成所掌握知识点的检测，对于在游戏过程中发现的问题，可以不直接提出，等游戏结束后，找到对应的队员

重点解决、重点指导，提升其知识点的掌握程度。不能在提问环节揪着不放，提出一些尖刻的问题，同时，作为敏捷教练，我们要学会帮助队员化解难题，特别是在游戏中的提问环节，还要防止冷场和挑衅行为的发生，注意情绪的引导，保持大家对敏捷的兴趣，为敏捷在团队的落地做好"人设"准备。

游戏步骤

为了增加互动和帮助读者朋友及时巩固和练习前面介绍的游戏，我们在下文留白，邀请大家参与记下自己的游戏步骤或以视觉化方式来表达游戏实践过程中的关键时刻。

第 4 章
价值观目标

　　本章的主题为敏捷价值观与目标，我把本章中的游戏分为三个小类，第一类是敏捷 Scrum 框架中推崇的价值观，包含承诺、尊重、勇气、开放、专注这五个。第二类是我在敏捷转型实践过程中非常认同的价值观，包括拥抱变化、自管理、有目标、要自信、要有信仰，也以游戏化的形式在玩家中进行演绎。第三类则比较关注沟通，如面对面沟通，通过理解力大比拼，让游戏玩家知道面对面沟通的重要性。如双向沟通，通过一个折纸游戏让玩家体验到单向沟通的弊端，在敏捷开发中，特别是在产品待办事项梳理时，一定要认识到双向沟通的重要性。

承诺，愿意对目标做出承诺

图解游戏

准备工具

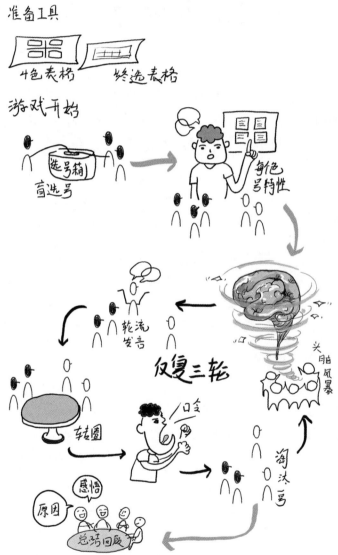

4色表格   终选表格

游戏开始

选号箱

盲选号

每色号特性

头脑风暴

轮流发言

反复三轮

转圈

哈

淘汰号

感悟

原因

总结回顾

游戏名称　　对号入座

现实抽象

项目排期，什么时间交付什么样的东西，完成什么样的里程碑事件，在瀑布开发中少不了，在敏捷开发中同样也少不了，只是叫法不一样，模式不一样。但是，关于完成目标的估算时间都是不可少的，其差异可能在于，一个是根据任务倒排或正排时间，一个可能是在一个时间盒内塞进任务或故事点，看看到底能完成多少。不论是打包一堆故事点或任务丢给研发团队估时间开发，还是告诉他们领取标准迭代时间盒内可以完成的任务，对目标做出承诺的精髓，都不会变化，这就是我们敏捷 Scrum 价值观的其中一点。

我们碰到的研发人员在面对目标做出承诺时大致分为以下几种情况。

- **瞎承诺**　很自信，技术好、能力强、做事有分寸，知道自己吃几两饭，在任务领取时，刚刚好，敢于对目标做出承诺。知道自己可以在交付的时间点高品质完成既定任务，项目中可能出现的技术困难早已了然于胸，需要协调的外部因素也已经做好准备，靠谱、敢承诺。

- **抱怨多**　你让做多少就做多少，就是不说话，都行，压死了有上面顶着，当迭代快要结束时，开始报风险，这个完不成，那个有困难，火急火燎，这种是无目标、瞎承诺。

- **干，没主见**　迭代一开始就开始抱怨，抱怨这个架构不行，那个技术不行，还有就是任务模块没法拆，要一次性做完，不能按标准迭代时间盒来进行迭代。让他们真正自己估时间，定目标，又估不出一个准确的时间，说是技术性探索，无法对时间做出准确的承诺，这种人碰到困难就叫叫叫。

一种人是死猪不怕开水烫，让他估算时间，定目标，他说，让客户定吧，反正我们定了也不算，让他们定，我们完成就行了，而到底是不是合理，中间到底是多了还是少了，也不说，只说干，也

愁人。

作为团队的敏捷教练，团队中的每一个成员到底是什么情况？每个人如何看待目标与承诺，对于敏捷固定迭代时间盒的推行，对于每个迭代的成功交付显得特别重要。

关键挑战

团队成员在游戏刚开始时并不知道自己的角色，也不知道自己要选的角色，选好角色并对号入座后，不论是不是符合自己的真实情况，都要据理力争，进行辩驳，为自己的角色拉人头，在语言组织和矛盾价值表达上会有挑战。

魅力指数	★★★★★
游戏玩家	敏捷教练和团队成员
适用人数	4 人以上
游戏时长	40 分钟
所需物料	四角色编号卡和四角色阐释说明卡

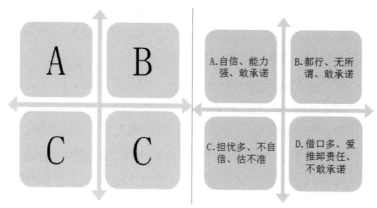

游戏场景	室内培训

游戏目标

1. 使团队成员正确看待目标与承诺之间的关系，敢对目标做出理性的承诺。

2. 促使敏捷 Scrum 承诺价值观在团队的深入人心与落地。

游戏规则

1. 游戏中共有 A/B/C/D 4 个角色编号，每个编号代表一种特性的人。

2. 在选择编号前，团队成员并不知道每个编号所代表的人有哪些特性。

3. 游戏一共分为 3 轮，第 1 轮游戏淘汰 1 个编号，该编号里面的人根据个人意向加入到其他。

4. 第 2 轮游戏淘汰 1 个编号，该编号里面的人根据个人意向加入到其他。

5. 第 3 轮游戏淘汰 1 个编号，该编号里面的人根据个人意向选择是否加入到最后 1 个编号中。

6. 每一轮中，所属编号里面的队员进行自由发言和拉票，阐述本编号所属特性好在哪里，争取可以拉到最多的人并获得最大的支持。

7. 自由发言结束后，团队成员围绕桌子转动，基于刚才大家的发言，在听到教练重新选择编号的口令后，迅速选取自己喜欢的编号。

8. 每一轮次中，强制淘汰一个编号，获得支持最少的编号遭到淘汰。该编号所属人员加入到其他编号中。

9. 如遇到无法淘汰的情况，敏捷教练可以直接决定淘汰其中一个，使团队成员再次转动，在余下的编号中进行选择。

10. 如遇到所在轮次编号为空的情况，敏捷教练可以直接决定淘汰这个编号，进入下一轮次。

游戏的交互性

这个游戏本身是一个博弈和取舍的游戏，这样的"言不由衷"和逼迫性的目标让团队成员不得不重新做出选择，中间有拉有让，在频繁的互动中获取支持。

可能的变化

对于每个编号所代表的人的特性可以进行变化，游戏的轮次也可以进行变化，游戏过程中关于引导的倾向性也可以变化，游戏的形式

也可以搞成辩论赛，只要能加强团队成员印象，接受承诺的价值观，就可以。敏捷教练可以基于团队的实际情况，进行适应性的设计。

情绪化反应

这是一个欢乐的游戏，游戏执行的过程类似于抢座位，有限制，有目标，节奏欢快。期间又夹杂一些违心的辩论，所以氛围很好。

量化结果

这个游戏不分输赢，一步步选择与淘汰，并不代表着胜利与失败，其引导的最终目的是为了加深印象和接受目标导向的价值观，只要团队成员能接受价值观，想做一个敢于对目标做出承诺的人，就算赢。

引导问题

1. 你觉得现实中，研发人员主要有哪些特性？每类又包含哪些特点？

2. 如何评价自己？你是一个敢于对目标做出承诺的人吗？

3. 迭代开发中有哪些外在或内在因素会影响到你对目标做出承诺？

经验与教训

人都是向好的，破罐子破摔的毕竟是少数，特别是在一堆人面前，人的真实本性更加不容易暴露。这中间要设计几个问题，一个问题是私密空间的营造，敢于让团队成员说出自己的真实担忧与真实顾虑，让大家可以在相对有趣的氛围中做出新的选择。另外，游戏层级的设计与淘汰标准的要求决定着游戏的成败。作为团队的敏捷教练，在设计、改进和执行这个游戏的过程中，度的把握很重要。引导不好容易失控，可能两轮就结束了，也有可能大家不愿意说，场面会比较尴尬。因为有些编号需要违心发言，所以，氛围比较重要，需要敏捷教练帮助引爆一个点，按教练的规则玩儿，一步步删减与递进，防止变成牢骚大会。敏捷 Scrum 框架的内容其实很少，特别是理论部分，但是实践起来却可以无限延展，价值观将决定着团队可以走多远，因此，价值观在整个培训与学习中非常重要。

游戏步骤

　　为了增加互动和帮助读者朋友及时巩固和练习前面介绍的游戏，我们在下文留白，邀请大家参与记下自己的游戏步骤或以视觉化方式来表达游戏实践过程中的关键时刻。

尊重，接纳他&她独特的背景与经验

图解游戏

游戏名称　　连连看

现实抽象

敏捷 Scrum 价值观中的尊重，主要指尊重团队中每个团队成员其独特的背景与经验。基于我自己实践下来的经验总结，可以再次以不同角色的不同视角来进行切分。

我们先来讲一下敏捷教练的视角，敏捷教练应该是"无公害"的，应该客观且一视同仁，不能带着有色眼镜看待项目中的人与事。在长时间与项目接触后，不免会与谁谁谁走得近，与谁谁谁走得远，给自己的是非对错判断带来影响，在感情纠葛中影响到自己的正确判断，因此，敏捷教练更应该以身作则，做到对所有成员一视同仁的尊重。

还有团队成员间，大城市中的互联网团队中的绝大多数成员来自五湖四海，因为上学与就业的原因，也是缘分，汇聚到同一个项目组，来的地方不同，家庭环境不一样，成长路径不一样，生活习惯不一样，沟通方式不一样，穿着打扮不一样，消费习惯不一样，就连吃的零食都不一样，比如，辣条、干脆面、吃鸡和星爸爸咖啡，这些看似是完全格格不入的东西，但同在一个项目组，可以完全共存。当然，拖鞋加大裤衩，衬衣加皮鞋，在一个团队中也可以共存。985 院校毕业加海外留学经历，大专毕业加上软件培训班结业，也可以共存。老板的亲戚加上老板的小秘，愣头青加受虐狂，也是可以共存。千奇百怪、巨大反差、独特个性、人人差异，造就了每个人独特的背景与经验，这些，作为团队中的一分子，同样需要对彼此的尊重。当然还有信仰，这里就不说了，因为我们是一群没有宗教信仰的人，我们的信仰是好好工作，赚钱养家，买车买房，有个好日子，哈哈，对我们年轻人，这太现实了，是个共同点。

综上所述，只有实现了对彼此的尊重，才能达到求同存异，为共同的团队目标，为每次迭代的成功高品质交付而共同努力。因此，作为团队的敏捷教练，在前期团队培训时，可以以游戏化的方式，使尊

重的价值观深入到每个团队成员的内心。

关键挑战

研发团队中的多数成员都是默默无闻的、只想干好自己的活，然后全心投入到游戏世界中，彼此间缺乏了解，常常存在感知上的误解与彼此行为举动的不理解，所以，真让成员间敞开心扉的去说说彼此，猜猜彼此，做出准确的判断，学会理解、接受并尊重彼此的差异，对这些成年人来说，会有挑战。

魅力指数	★★★★★
游戏玩家	敏捷教练、队员
适用人数	不限
游戏时长	0 分钟
所需物料	便利贴、笔、A3 纸和水彩笔
游戏场景	室内培训

游戏目标

1. 增进团队成员间对彼此背景与经验的了解与认同。

2. 为敏捷 Scrum 尊重价值观在团队的落地执行做好铺垫。

游戏规则

1. 每个团队成员需要从饮食习惯、娱乐喜好、工作态度、技术特长、是非判断和成长目标六个维度来描述自己，其间需要包含一两个维度的虚假信息。

2. 每一个维度的信息需要写在一张独立的便利贴上。

3. 每一个团队成员需要在便利贴上画上一个头像，代表自己并签上自己的姓名。

4. 团队成员(当事人除外)需要群策群力，在头像与描述维度间建立联系，以画线的形式进行连接。连谁时，谁不能参与。

5. 游戏不分输赢，关键在于加深对彼此背景与经验的了解与接受。

游戏的交互性

本组的人其实并不能参与到本组人的连连看当中，反而需要参与对方组的连连看，这种猜测更难，给团队成员间的沟通带来了机会，为了更好地完成任务，成员间需要进行充分的沟通和协商。

可能的变化

这个游戏可以不分输赢，也可以策划成分输赢游戏，因此，游戏规则是可以改变的，其判断标准就是连对与连错的数量，一个组，连对的数量多，当然就获得了胜利。还有就是背景描述维度也可以变，敏捷教练可以基于实际情况进行调整。

情绪化反应

"开玩笑，我是那样的人吗？""哈哈，竟然都连对了！""你竟然是这样的人！""你到底是'纯洁'还是'老乌龟'！"，误解、无解、惊讶、反问、嚓、cao。这些都是普遍的反应，当然，还有欢笑。

量化结果

这个游戏不分输赢，只要团队成员能加深对彼此背景与经验的了解，能接受彼此，能接受尊重的 Scrum 价值观，就算赢。

引导问题

1. 游戏前，你对团队的了解多吗？举例说一个你自认为最了解的人，他自己写的和你了解的哪些相同和哪些差异？

2. 人非圣贤，你能做到在"关键时刻"遵守敏捷 Scrum 尊重价值观吗？

3. 这个游戏带给你哪些最深刻的感悟？

经验与教训

人非圣贤，孰能无过。求同存异，适者生存。海纳百川，方得始终。这个游戏最终的目的是让团队成员学会接受彼此，学会互相尊

重，这种尊重不是下属对上级的那种尊重，不是敬仰，只是接纳与包容。在工作中不挑刺，不找事儿，不带着有色眼镜去看一个人的所作所为，不鸡蛋里挑骨头，事事针对，吹毛求疵，不背后指别人的脊梁骨。以宽容平和的心态接纳每一个和自己不一样的人，至少在工作中。生活中不一定成为亲密无间的朋友，至少工作上可以默契配合。这就是这个游戏期待达到的效果，因此，作为团队的敏捷教练，在引导过程中要非常注意，要合理引导团队成员放下"自我"的心态，特别是对新成长起来的互联网新人，他们打着新世纪当家人的旗号，独立而个性，自我而张扬，让他们放下所谓的"架子"和"与众不同"去求同存异，是有挑战的。因此，作为敏捷教练，引导很重要。还有就是游戏过程中的坦诚心态不可少，在相对私密的环境中，放下结缔，真实地表现与表达自我，以积极的心态融入团队，恰如其分地成为中间的一份子。

游戏步骤

为了增加互动和帮助读者朋友及时巩固和练习前面介绍的游戏，我们在下文留白，邀请大家参与记下自己的游戏步骤或以视觉化方式来表达游戏实践过程中的关键时刻。

勇气，干掉团队战斗力的蛀虫

图解游戏

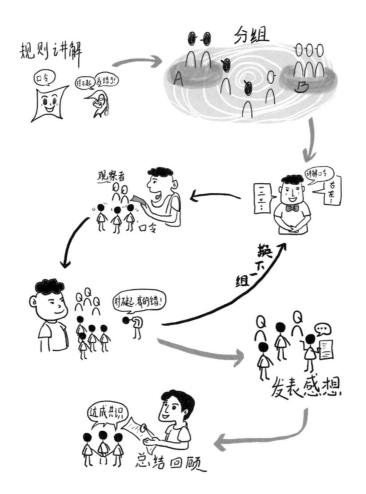

游戏名称　　甩锅

现实抽象

三只老鼠一同去偷油喝。找到了一个油瓶，三只老鼠商量，一只踩着一只的肩膀，轮流上去喝油。于是，三只老鼠开始叠罗汉，当最后一只老鼠刚刚爬到另外两只老鼠的肩膀上，不知是什么原因，油瓶倒了，最后，惊动了人，三只老鼠逃跑了。回到老鼠窝，三只老鼠开会讨论为什么会失败。最上面的老鼠说，我没有喝到油，而且推倒了油瓶，是因为下面第二只老鼠抖动了一下，所以我推倒了油瓶，第二只老鼠说，我抖了一下，但我感觉到第三只老鼠也抽搐了一下，我才抖动了一下。第三只老鼠说："对，对，我因为听见门外有猫的叫声，所以抖了一下。"哦，原来如此呀！"

我们在研发管理过程中，常常出现测试人员抱怨开发人员提交的代码质量太差，Bug 太多，而开发人员会抱怨产品负责人当时没有讲清需求，在迭代过程中不停变更，影响了开发进度。产品负责人则说会，变更是因为客户要求的，不得不变等等，相互推诿，相互扯皮的"甩锅"现象在迭代过程中时常出现，到底是谁的错？有没有人敢站出来承认是自己的错？责任承担的勇气何在？如何突破这样的心理障碍？如何让团队成员意识到存在这样的问题？值得我们教练深思。

关键挑战

受年龄层次的影响，不同年龄段的人对自我责任的认定不一样。即使同样的问题，不同人承担责任的态度是不一样的，对于差异化的团队成员来讲，需要突破这种心理障碍，给自己打气，让自己有勇气站出来，在一段时间内完成自我的突破与蜕变。

魅力指数　　★★★★
游戏玩家　　敏捷教练和团队成员
适用人数　　5 人以上
游戏时长　　30 分钟
所需物料　　口令表

口令表

A 组		B 组	
A 组执行的口令	口令对应动作	B 组执行的口令	口令对应动作
1	向右转	2	向左转
3	向后转	4	向前跨一步
5	不动	3	向后转
4	向前跨一步	2	向左转
2	向左转	4	向前跨一步
1	向右转	5	不动
5	不动	1	向右转

游戏场景　　室内培训

游戏目标

1. 使团队成员认清自我与团队现状。

2. 提升团队成员的责任感，要有勇气、有担当。

3. 禁止或减少在研发过程中发生"甩锅"事件。

4. 为敏捷 Scrum 勇气价值观在团队的落地执行做好铺垫。

游戏规则

1. 团队成员需要按照敏捷教练的口令做出相应的动作。

2. 敏捷教练喊一时，向右转；敏捷教练喊二时，向左转；敏捷教练喊三时，向后转；敏捷教练喊四时，向前跨一步；敏捷教练喊五时，不动。

3. 当有人做错时，做错的人要走出队列、站到大家面前先鞠一躬，举起右手高声说："对不起，我错了!"

4. 任何人都没有特权，必须遵守游戏规则。

5. 游戏不强调明显的输赢，不计分，只有对与错的简单责任划分。

游戏的交互性

队员需要依据口令做出准确的动作，彼此之间不免出现互相参考与引导对错的情况，抄别人有可能对也有可能错，在短暂的反应瞬间，独立判断异常重要。当真正自己犯错时，是否会责怪对方？藏在内心还是言语直接表达出来？此外，对敏捷教练来讲，需要通过口令来实现双方的交互，引导整个游戏的进行。

可能的变化

游戏可以是向左向右转的口令，也可以是带 7 与 7 的倍数游戏，也可以是成语接龙，更可以是合唱，游戏的形式不局限，只要能在众人中可以随机出现一个犯错的人就可以实现游戏的目的，形式只是依托，所对照的不能甩锅并要主动承担责任的意识性目的只要不变就可以。

情绪化反应

游戏过程中，团队成员有些紧张，可能是怕出错。当真正出错后，有些不好意思，或者是害羞，声音比较小，需要鼓励才能说出来。

量化结果

轮次	A 组出错人			B 组出错人
第一轮	XXX	/ XXX	/ XXX	
第二轮				XXX / XXX

引导问题

1. 你是因为意识到自己错误而主动站出来的，还是迫于压力站出来承认错误的？

2. 你的主要心理障碍是什么？你觉得要如何克服？

3. 通过这个游戏，你对勇气有了什么新的理解？

4. 这个游戏给你什么样的感触和帮助？

经验与教训

面对错误时，大多数情况是没人有勇气主动站出来承认自己犯了错误，少数情况是有人认为自己错了，但依然没有勇气承认，因为很难克服心理障碍，极少数情况有人站出来承认自己错了。

作为敏捷教练，在游戏过程中，要引导和鼓励团队成员，要勇敢

站出来，不能甩锅。不能让团队成员觉得，自己的错是因为口令没有听清楚，自己的错是受了谁谁谁的误导，自己的错是因为谁碰到了自己，反正我没错，我的错都是别人造成的，这种心态是不对的，也是不能有的。当有错误发生时，要勇于担责，要勇于说，这是我的错，我来处理，把团队当成自己的团队，有主人翁精神，把事情当自己的事情，认真负责，这才是应该有的态度与心态。只有养成了人人为大家，大家为人人的心态，整个团队才能变得更好，关系才能变得更加的和谐，而不是出了问题互相推诿，互相"甩锅"，推卸责任。

敏捷开发中，我们对勇气的理解还有在工作中团队成员要有勇气做出承诺，履行承诺，不能唯唯诺诺，怕担责，不敢承诺，不敢保证。因此，作为团队的敏捷教练，在游戏过程中和游戏的总结环节，我们对勇气价值观要进行合理的引导与诠释，谨防理解的偏差。

游戏步骤

为了增加互动和帮助读者朋友及时巩固和练习前面介绍的游戏，我们在下文留白，邀请大家参与记下自己的游戏步骤或以视觉化方式来表达游戏实践过程中的关键时刻。

开放，把一切开放给大家看

图解游戏

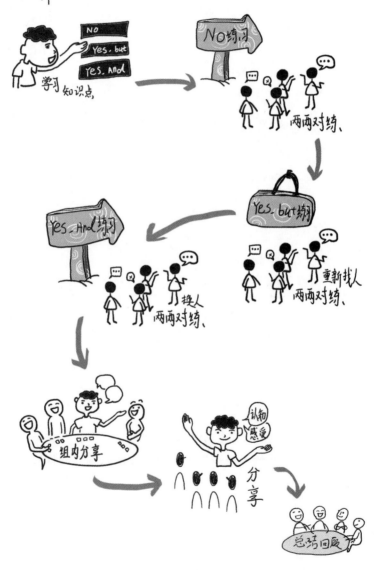

游戏名称　　追踪溯源

现实抽象

敏捷 Scrum 中，开放价值观是指把项目中的一切开放给大家看。

- 从领导的角度来讲，希望看到项目的方向是否正确，是否赢利，是否符合公司定义的战略目标。

- 如果团队中依然存在项目经理或技术负责人，他们希望看到项目的进度是否正常，项目中有没有什么风险，项目的范围是否符合前期的定义，项目的成本如何，谁干了什么，干得如何等。

- 从敏捷教练的角度来讲，希望看到团队遇到了什么问题，可以帮着一起解决，帮助团队一起克服。

- 从产品负责人的角度来讲，希望看到团队交付的东西是否满足前期制定的验收标准。

- 从测试的角度看，希望看到团队交付的东西品质很高，没有什么隐藏的漏洞，不论从代码品质、功能实现、业务稳定、兼容抗压等方面，都经得起验证。

- 从研发团队的角度来讲，希望看到需求是持续稳定、清晰可靠、逻辑缜密的，有价值有意义的。

在此，只举例这几个视角，当然，实际的项目中，还会有各种各样的角色。那我们发现，不同角色，希望看到的内容是不一样的，项目中的一切到底包含哪些部分？每个角色又隐藏了什么？为什么隐藏起来不敢示人？难道是领导本身的战略目标就远大得像一朵"祥云"？难道产品负责人设计的产品本身就是"一坨"？难道测试本身的用例就是覆盖不全的"渣渣"？难道研发团队编写的代码本身就是"歪歪扭扭"？是因为这些原因要隐藏而不敢开放给所有人看吗？为什么？作为团队的敏捷教练，我们不能只不停叫要开放，要坦诚，我们更需要找到不开放和不坦诚的原因。游戏化就是一种很好的方式，

在游戏的过程中，让不同角色放下芥蒂，意识到开放，暴露弱点，不会被嘲笑，被鄙视，是想获取帮助，在项目自我开放与接纳之间找到平衡。

关键挑战

谁都不想把自己的弱点暴露给别人看到，都不想承认自己的"无能"，领导更不想招"废物"。在这种现实心态的作祟下，弱点被潜藏，而这个游戏，就是要学会暴露弱点，寻求帮助，挑战人性，在心态上面突破自我的挑战。

魅力指数 ★★★★★
游戏玩家 敏捷教练和团队成员
适用人数 不限
游戏时长 60 分钟
所需物料 白板纸、白板笔和笔
游戏场景 室内培训

游戏目标

1. 引导团队成员看待"弱点"的心态，从"遮羞"怕被嘲笑到寻求帮助并开放示人。

2. 寻找团队成员中愿意开放的原因。

2. 为敏捷 Scrum 开放价值观在团队的落地执行做好铺垫。

游戏规则

1. 不能嘲笑彼此。

2. 游戏一共分为三轮，每一轮中都为两两结对练习。

3. 每个团队成员需要想一个自己在迭代中遇到的难题或困难。

4. 第一轮游戏中，当对方在向自己诉说困难时，需要说 NO，拒绝给对方提供帮助。

5. 第二轮游戏中，当对方在向自己诉说困难时，需要说 Yes, But....，想给对方提供帮助，但是自己也遇到了什么问题，心有余而力不足。

6. 第三轮游戏中，当对方在向自己诉说困难时，需要说 Yes，很认同对方的困难，表现得很有同理心[①]，很乐意也有能力给对方提供帮助，并表示感谢对方的信任。

游戏的交互性

游戏的交互主要是团队成员之间，面对彼此的三种反馈：最困难、最无助的拒绝；想帮而帮不了的无奈；真诚的互帮。

可能的变化

游戏可以设计成商业活动，也可以设计成一步步的"打怪兽"或游戏竞技，只要围绕着游戏目标、服务于团队关于开放目标的心态调整并帮助团队突破心理障碍，就可以。

情绪化反应

这是一个有难度的游戏，场景演绎比较多，每个人所担任的角色也比较多。有冷有暖，有喜有忧，情感投入的多少将决定个人情绪起伏变化的幅度，团队成员的总体情绪是从平静到无奈无助到叹气惋惜再到开心有乐。

量化结果

这个游戏不分输赢，主要是为了体现同理心，达到情感共鸣。团队成员在面对问题时，可以开放自我并坦诚告知，其他人可以客观评估并接纳困难。认同彼此，开放互助，达到这样的共识就算赢。

引导问题

1. 你原来对开放是如何理解的？

2. 如果真开放了，把项目中的一切开放给所有的人，你觉得你最大的担忧是什么？

[①] 编注：可以阅读《同理心》一书，书中介绍了不少小练习，作者茵迪·杨，译者陈鹄、潘玉琪和杨志昂。

3. 如果要让团队真正做到开放，你觉得你想开放哪些东西？

4. 为了对团队与个人的开放提供有力的帮助，你觉得领导应该做哪些事？

经验与教训

这是一个游戏，也是一个演绎的情景剧，游戏需要在一个封闭和私密的空间中进行，团队成员间是熟悉的，没有多余的旁观者，除了敏捷教练作为引导者存在外，每个人都全情投入到游戏中。否则，多余人的存在会对游戏的场景化、情景化、连续化和深入化带来一些障碍。敏捷教练在游戏组织与现场引导把控时，要非常注意。对于游戏的结果，围绕游戏的目的就可以。当然，也可以是一个开放式的结果，就比如开放的度一样，可以基于开放的标准与开放的度达成共识，理解彼此间可以开放的、必须开放的、开不开放都无所谓的，守住彼此的底线就可以。游戏的关键在于开放的心态，这是一种信任的心态，寻求帮助的心态。这不是一个自找的受虐、受鄙视的心态，这种情感的反差可以在游戏过程中通过三个轮次的角色互换与"反馈差"进行演绎、诠释，而作为相对角色的人，要懂，要接纳，要认同，要可以给出合理的建议，而不是事不关己，高高挂起，拿钱干活。综上所述，价值观依然是走心的，一个词、两个字虽然简单，但是深入人心，接纳和认同很难，所以，切记走心。

游戏步骤

为了增加互动和帮助读者朋友及时巩固和练习前面介绍的游戏，我们在下文留白，邀请大家参与记下自己的游戏步骤或以视觉化方式来表达游戏实践过程中的关键时刻。

_____

_____

_____

_____

专注，极致混合专注力

图解游戏

游戏名称　　羽毛球接力

现实抽象

敏捷开发中，我们期待团队成员可以把自己的心思和能力都用到自己承诺的工作上去，也就是我们所说的全心投入、专注投入。实际工作中，观察发现，因主客观原因，团队成员的专注力受到很大的影响。比如，社交软件的弹框不停闪动，不管是钉钉、微信还是 QQ，一闪就忍不住打开，打开读一读，回一回，忍不住会多聊几句，时间在无感中流失，30 分钟又没了。比如，正在开发，突然一个人过来说，这个事儿帮我处理一下，出于人情，就帮着处理一下，原来预估 30 分钟可以搞定，结果弄了 2 个小时，自己的进度就会受到影响。比如，开发中，边上的一个同事饿了吃东西，或者不饿，只是零食，问吃不吃，没忍住，分享一点吧，吃两口，思路又断了，等接上时，30 分钟又过去了。比如，迭代过程中，突然被抽走做别的项目，自己本身的项目又不能停，原因是自己能力强，符合突击队员的能力要求，需要帮另外一个项目度过这个迭代的难关。再比如，突然收到了一个会议邀请，不得已要参加这种可有可无的会议，1 个小时又没了，开会拿着电脑，本想补一补，结果一心二用，还不留神多写了个 Bug。综上所述，迭代过程当中，因为各种主客观因素的影响，团队成员在迭代中的专注力得不到有效的保证，交付物质量必然会受到影响。但关键问题是，团队成员不一定认为这是不专注，更不一定认为这种不专注会影响到工作效率与工作质量。为了让团队成员意识到专注的重要性，作为团队的敏捷教练，有必要给团队成员进行一次训练，让团队成员体检到专注重要性的同时，提升自身的专注力水平。

关键挑战

对于团队成员来说，需要在游戏过程中非常专注，只有这样才能高效完成挑战，因为在游戏过程中会受到各种外界因素的干扰，一点点不专注，都会造成失败。所以，对团队成员来讲，保持长时间的专注，是一个挑战，对敏捷教练来讲，保持游戏的寓教于乐，在游戏设

计与现场场控方面也是挑战。

魅力指数	★★★★★
游戏玩家	敏捷教练和团队成员
适用人数	6 人以上
游戏时长	30 分钟
所需物料	羽毛球、羽毛球拍、干扰道具和计分表
游戏场景	室内培训

游戏目标

1. 让团队成员体验到专注的重要性。

2. 提升团队成员的专注力水平。

3. 为敏捷 Scrum 专注价值观在团队的落地执行做好铺垫。

游戏规则

1. 团队成员需按既定规划路线进行接力。

2. 接力过程中，接力队员一手拿着羽毛球拍，羽毛球需要放在羽毛球拍上。

3. 接力过程中羽毛球不能掉，掉下来需要从起点重新开始。

4. 一队进行接力时，另一队可以进行干扰，但不能触碰到队员的身体。

5. 接力时，传递的是羽毛球，如 a1、a2 进行接力，a1 与 a2 同时持羽毛球拍，羽毛球从 a1 的拍子上转移到 a2 的拍子上，中间不能用手触碰羽毛球。如在接力的过程中，羽毛球掉落，球要先放回 a1 的羽毛球拍子上，按上述要求，重新接力，直到完成接力。

6. 每一轮次都分胜负，先完成接力的团队获胜。

游戏的交互性

团队成员间需要进行紧密默契的配合，特别是在交接时，最容易失误，也是最影响成绩的，所以，团队成员需要在游戏开始前进行充分沟通，并进行适当的练习，以便尽早进入状态。

可能的变化

在游戏的过程中主要是基于视觉和听觉进行干扰，去影响对方队员的专注力。如果条件可以的话，也可以改变游戏规则，加入动作干扰或是强制命令，使规则变得更加激进，从而获得更深刻的体验。

情绪化反应

这是一个欢乐的游戏，游戏过程中小伙伴专注而投入，游戏外的"捣乱分子"喜笑颜开，尽施诡计。

量化结果

轮次	A 组	B 组
第一棒	胜利	失败
第二棒	胜利	失败
第三棒	失败	胜利

引导问题

1. 你觉得哪些内在因素影响到了你在游戏中的专注力？

2. 你觉得游戏中的哪些外在因素影响到了你在游戏中的专注力？

3. 如果游戏中没有这些干扰，你觉得自己的成绩会提高吗？

4. 结合游戏感悟，你觉得工作中常常影响到你专注的内外因素有哪些？

5. 你会为了提高效率而主动去克服或消除这些干扰因素吗？

经验与教训

队员在接力时需要聚精会神，保持专注，在接力跑时，同样需要保持专注与耐心，减少外在因素的干扰。虽然只是游戏，但是依然需要全程保持专注，专注在拍子上，专注在球上。基于游戏中的体验，迁移到我们的敏捷开发中，敏捷中的专注是指专注在自己承诺的工作上来，把接力理解为工作，把"捣蛋"的小伙伴理解为项目迭代过程中存在的各种各样的干扰因素，把整个专注的过程理解为排除干扰，一心为项目，一心为迭代的成功交付，可能理解起来会更加的顺畅。

　　游戏是一种具象化的快速模拟实例，是一种直达体验的便利操作，所以，作为团队的敏捷教练，可学会合理进行游戏化，同时，在策划游戏时要迎合所需的场景、所要达到的目标，在游戏执行时，要注重体验，注重效果，服务好团队，服务好敏捷。

游戏步骤

　　为了增加互动和帮助读者朋友及时巩固和练习前面介绍的游戏，我们在下文留白，邀请大家参与记下自己的游戏步骤或以视觉化方式来表达游戏实践过程中的关键时刻。

信仰，集体共识下的团队价值观具象

图解游戏

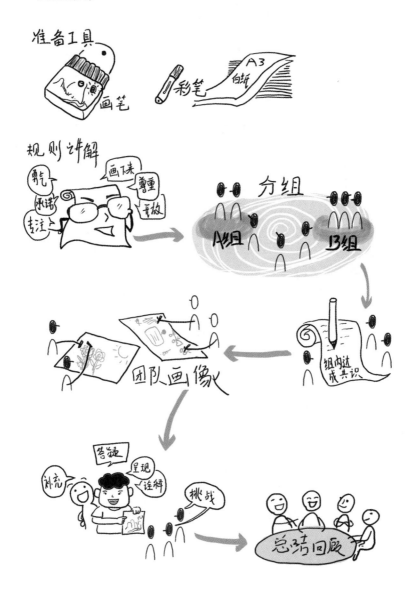

游戏名称   自画像

现实抽象

敏捷 Scrum 框架中有尊重、承诺、开放、勇气、专注五大价值观，简单 10 个字，实则铿锵有力，是整个迭代顺利执行的价值保证。一个没有价值观的团队，是没有灵魂的，因此团队需要统一价值观。价值观体现在团队的精神面貌上，体现在团队的形象展示上，体现在迭代交付的执行力上，体现在交付产品的品质上，体现在团队的责任感和进取心上。整个团队对外输出的形象，代表着整个团队外部干系人对这个团队的认知和看法。团队到底是靠谱，还是一个"拖油瓶"，要看团队的价值观，要看团队对自己的认知。因此，在诠释敏捷价值观的真实含义前，可以让团队成员自己讲讲对这几个词的理解，中文博大精深，似同非同，不同人可能有不同的理解，所以，在敏捷特有词意释义前，有必要让团队成员各抒己见，说说自己的理解与看法。游戏是一种很好的方式，在游戏过程中，让团队成员以图形化的方式进行价值观诠释，代表本人的理解与本团队的形象，或许这可以算是一种淋漓尽致的表达。

关键挑战

要把团队的成员、团队的价值观和团队的一切情况通过一幅画来抽象出来，并完美诠释团队自画像的含义，对外输出团队的形象、价值观、理念，不仅对个人，对整个团队来说都是挑战，需要在有限的时间内快速思考，找到可以诠释的形象，并把价值观映射上去。每个人都要参与其中，这期间的构思、沟通和协作都是有挑战的。

魅力指数   ★★★★★
游戏玩家   敏捷教练和团队成员
适用人数   不限
游戏时长   30 分钟
所需物料   水彩画笔、A3 纸和水笔
游戏场景   室内培训

游戏目标

1. 希望团队成员通过团队自画像的形式认识自我、探索自我、认识团队、诠释团队并深刻体会敏捷价值观。

2. 为诠释敏捷价值观的真实含义和特定含义做好铺垫。

游戏规则

1. 团队自画像要体现尊重、开放、勇气、承诺、专注、廉耻心、不成功便成仁的价值观。

2. 每一个组的成员都需要参与到绘画当中,至少要画上一笔。

3. 画像不必拘泥形式,并不需要绘画基础,只要能够展现和表达团队形象与价值观就可以。

4. 最后的画像需要对外呈现并阐述其内涵。

游戏的交互性

团队成员之间需要碰撞出能代表各个价值观的绘画元素并把各个元素抽象和融合到一起,形成相对完美的画面。在几个价值观词语的自我诠释阶段需要协商统一,在图形化构思阶段更需要统一,进行充分的思维碰撞。

可能的变化

绘画是想法对外输出的一种途径,可以用来表述价值观,也可以用来表述内心的愤怒或喜悦,以回顾的形式,敏捷教练可以更加灵活地使用绘画形式与情感表现手法。

情绪化反应

这是一个欢乐的游戏,中间融合了团队的创意。团队成员在游戏开始前有一些迷茫,因为需要探寻其准确含义。在游戏开始后,团队成员开始进行尝试与创造,期间充满了欢乐。最后在游戏呈现环节很喜悦,对图形化中的各个元素如数家珍。

量化结果

游戏不分胜负，团队只要能画出并阐释清楚对价值观的理解就达到了超越自我，实现了游戏最初设定的目标。

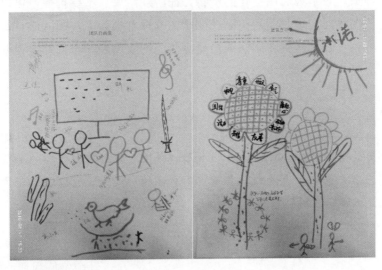

引导问题

1. 原来团队中是否存在统一的价值观？如果有，是什么？

2. 你认为一个有战斗力的团队需要标准、统一的价值观吗？

3. 请在尊重、开放、勇气、承诺、专注、廉耻心和不成功便成仁这几个词中挑出你认为最重要的两个价值观，并说明理由。

经验与教训

这是一个很需要创意与灵感的游戏，需要把价值观抽象为可视化元素。有些团队可能会出现拼凑的现象，生硬的拼凑并不能形成体系化的连接，从全局的视角来展现整个团队形象。在整个团队自画像的呈现过程中，要有整体视野、全局思维和元素整合与连接能力。团队内部需要共创与协同，把每一个团队成员对概念的理解用形象的画表现出来。敏捷教练要合理引导，避免团队陷入持续性的迷茫探索中，使其成功、顺利地找到切入点。因此，在游戏的过程中，敏捷教练的

合理介入与点拨非常重要。当然，图形化只是一种表达，更深层次的目的还是在于价值观认知的统一与接纳。诠释与自我阐述是为了加深理解，图形化是为了加深记忆，都是为推行敏捷及敏捷在团队的落地做好铺垫。对于最后图形化的产物，在游戏结束后不要扔掉，可以保存好，在敏捷转型开始后，贴在团队的物理看板边上，团队成员每天可以看到，时刻提醒着团队成员要有共同的价值观，个人的行为要符合价值观的要求。

游戏步骤

为了增加互动和帮助读者朋友及时巩固和练习前面介绍的游戏，我们在下文留白，邀请大家参与记下自己的游戏步骤或以视觉化方式来表达游戏实践过程中的关键时刻。

授权，激发被信任的力量

图解游戏

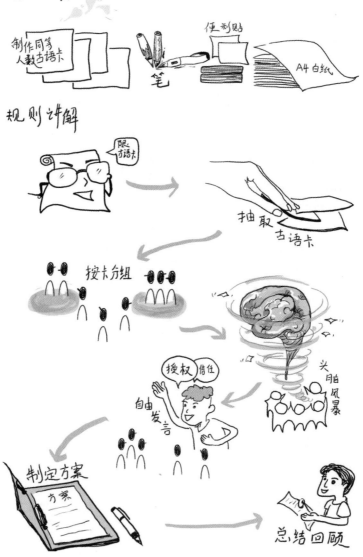

游戏名称	古话今议

现实抽象

授权是敏捷开发的重要组成部分。敏捷开发中，开发人员自己对任务进行估算，决定一个迭代完成多少任务。如果没有研发相关领导的授权，研发人员不能也不敢这么做。

在常规的团队中，依然是领导一个人说了算，拍脑袋式的估算，领导说什么时间完成，就是什么时间完成，研发人员只有做的义务，没有参与估算的权利，更没有所谓的授权。

但是在敏捷开发中，需要研发领导给予团队中普通研发人员估算的权利，任务领取的权利。但是随之带来的问题或者说是疑惑也就来了，敏捷开发中，强调每个迭代都要完成领取的任务，否则迭代就失败了。那么，为了防止迭代的失败，为了完成所谓的任务，研发人员会不会偷懒？会不会把任务估算多了，把任务认领少了，存在严重的出工不出力的现象，把信任当放纵，把失败当幌子，少领少做少出错。研发团队真的会出现这样的问题吗？研发人员就真不值得信任吗？他们真不会 100%的领取可以完成的任务吗？仁者见仁，智者见智，敏捷培训过程中，这也是个非常值得探讨的问题。

关键挑战　　能者多劳，但能者不一定多劳，在没有监督的情况下，大多数人都有懈怠心理，能够真正定义自我，剖析自我，找到自己需要激发的地方，勇敢面对真我，站在另一个角度来制定约束自我行为的方案，是需要达到真我、忘我的。

魅力指数	★★★★★
游戏玩家	敏捷教练和团队成员
适用人数	3 人以上
游戏时长	30 分钟
所需物料	古语卡、A4 纸和笔

古语卡

智者尽其谋， 勇者竭其力， 仁者播其惠， 信者效其忠	代百司之职役/凡杖二十以上皆亲决
士为信己者死	宁可限于择人，不可轻任而不信

游戏场景　　室内培训

游戏目标

1. 提升团队成员的"觉醒力"。

2. 使团队成员认识到授权的重要性与互信的必要性。

游戏规则

1. 讨论范围仅限于古语卡中的古语。

2. 团队成员自由发言，不受打扰和束缚。

3. 每人发言 2 分钟以上，需结合授权与信任主题，谈谈授权对自己的重要性及自己如何不辜负这份信任。

4. 古语卡采用抽检的方式获得，抽到相同古语卡的人组成一组。

5. 游戏最后需制定出符合本团队的信任保障方案。

游戏的交互性

值得信任或不值得被信任，需要被信任或根本不考虑是否需要信任，角色重要与否，职责重要与否，这种差异会带来思想的碰撞，有些人可能觉得根本不需要所谓的监督措施与信任保障方案就会好好干，100%的全情投入，有些人则认为需要，并且在方案内容上也会产生碰撞交流。

可能的变化

授权与信任是一个话题，敏捷中的价值观也可以拆分出来，分别进行讨论，从而使团队成员加深对敏捷价值观的理解，所以，讨论的话题是可以变的，对于讨论的形式也是可以变的，深层次的话题，需要团队达成一致的理解，从表面的认知到达成深层次的共识，作为团队的敏捷教练，只要能认识到这一点就可以。

情绪化反应

大家在刚抽完古语，按古语分组后，其实充满了迷茫，因为有一句在网上也查不到资料，可能刚开始还意味是单纯的翻译，大家在查在讨论，有些队员在私下里说话，投入度不够。然后，作为教练，我开始一一举例，通过我对每一个团队成员的观察，举例说明他们身上的闪光点、可以被信任的点及他们在项目中是如何一点点受到大家信任的，团队逐渐安静下来，聚精会神地听。接下来，自由发言，说说自己对所抽取古语的感悟，我随机点名了两个人。接下来是抢答，从刚开始的不主动，到畅所欲言，氛围逐渐变得真诚、透彻，触动心扉。

量化结果

这个游戏不分输赢，只要大家能敞开心扉，尽情表达，说出自己对信任的想法，然后小组成员一起努力，制定出可行的信任方案就算赢，量不在多，每组只要两点，实例举证，可落地、可操作和可信服就行。

引导问题

1. 你感觉自己需要被授权和信任吗？
2. 在得到授权后，你相信自己会领取完全饱和的工作任务吗？
3. 你如何平衡迭代成败与任务领取之间的关系？怕吗？
4. 你对团队制定的信任保障方案感到满意吗？

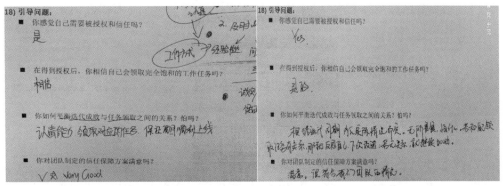

经验与教训

"团队就像一只手，五根手指缺一不可，只有齐心协力才可以干好一件事，所以，每个手指都需要信任对方。有了信任和授权，也一定要完成份内的事，"要足够信任身边每个同事的能力，增加与同事之间的沟通，让同事之间互相了解，产生更多的信任，对自己要有高要求和高标准，自觉做好每件事"，这是两个玩家反馈的经验教训。拉回到"智者尽其谋，勇者竭其力，仁者播其惠，信者效其忠"，要想实现古语中的唯美境界，离不开信任的全力保障。信任会使团队成员获得信心、成就感和安全感。信任，可以激发团队成员的创造力。信任，可以使团队成员更加灵活、及时地应对迭代中的变化。对于"代百司之职役，凡杖二十以上皆亲决"这样的事情，可能在现在的敏捷开发中已经不再适用，研发团队更需要获得授权，领导更需要指明方向，而不是干涉具体的琐事。让研发团队成员投入到"士为信己者死"的拼搏奋斗中，力争做到每个迭代全力冲刺，成功交付，做最有价值的事情，交付最大的价值，这才是作为敏捷教练的我们想要达到的引导结果。

游戏步骤

为了增加互动和帮助读者朋友及时巩固和练习前面介绍的游戏，我们在下文留白，邀请大家参与记下自己的游戏步骤或以视觉化方式来表达游戏实践过程中的关键时刻。

拥抱变化，敏捷就是要快速响应

图解游戏

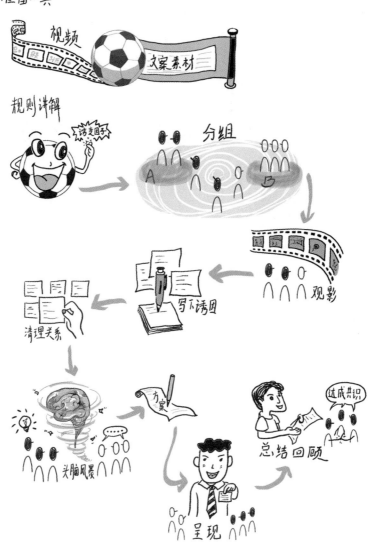

准备工具

视频　文案素材

规则讲解　诱麦圆子

分组

观影

写下诱因

清理关系

头脑风暴

方案

呈现

总结回顾　达成共识

游戏名称　　　神来之笔，观后感

现实抽象

一场足球比赛在开始前，教练会给队员做战术分析，然后针对对手的情况进行人员安排和攻防打法调整，这相当于我们的迭代计划。比赛开始后，队员按照教练赛前的部署进行目的性的盯防、队位调整、攻击转换，这相当于我们的迭代开始，进入开发阶段了。对手的每一次拦截或教练的每一次吹罚相当于一次迭代中的验收。教练会根据队员在场上的表现进行人员轮换，教练也会在中场休息时间，基于队员上半场的总体表现，进行战术打发调整，不论是简单的人员调整，还是大的战术打法调整，都是基于场上的情况。引起调整的因素有很多，比如队员的状态、队员在场上是不是受伤了或吃到了黄牌。比如，对方换上了什么样的队员？调整成了什么样的打法？我方要上什么样的人？采用什么样的应对打法。比如比赛的时间，在比赛的第70分钟，基于目前的得分情况，应该派上什么样的人，在比赛的第90分钟，基于目前团队的得分情况，应该派上什么样的人？改成什么样的阵型？比如比赛的情况，是小组赛还是淘汰赛？决定一轮还是两轮？还会影响到人员的安排，假如有加时、点球等等。在一场90分钟的比赛中，影响比赛的因素有几十种，组合起来可能有成百上千种，这些瞬息万变的因素都会影响比赛的走势，影响到团队的比赛结果，毕竟，每一场比赛，我们都想要取得胜利。再次回到我们的敏捷迭代开发，影响到迭代成功的因素也有几十种，组合起来也有成百上千种。面对迭代中各种可变因素的影响时，我们要如何应对？变化不可拒绝，只能勇敢面对，理性面对，快速响应，采取合理的应对策略，才能迎刃而解，我们需要让团队成员有这种拥抱变化和快速响应的意识，有面对变化不抱怨和勇于承担的心态。深度沟通，案例学习，潜移默化，感同身受，在敏捷转型前期，或许，我们需要一场这样的培训。

关键挑战

可能有些开发人员不懂球，无法完全的沉浸其中，体会不到诱因、临场应变和收获神效这一系列的连锁性变化。敏捷教练需要进行一些引导式的讲解。敏捷的很多理念来自于橄榄球。其实，在足球这项全世界的团体性运动中，也有很多的敏捷精神，从运动到软件开发的切换，从进球的胜利到交付的胜利，有异曲同工之妙，这种"迁移性思维"，对很多人来说，也是有转换障碍的。

魅力指数	★★★★
游戏玩家	敏捷教练和团队成员
适用人数	不限
游戏时长	30 分钟
所需物料	球赛换人视频、笔、A4 纸和便利贴

1. 视频素材(换人出奇迹！里皮神奇换人再次导演大逆转，战术大师名不虚传 https://v.qq.com/x/page/n0832mhx7po.html)

2. 文案素材(问答日报：你看过的比赛中，有哪些堪称神来之笔的经典换人？http://www.dongqiudi.com/archive/366761.html)

游戏场景	室内培训

游戏目标

1. 提升团队的快速响应能力。

2. 提升团队成员的应变能力，使团队成员在心理上可以更加从容地接受变化。

3. 提升团队成员的系统思考能力。

游戏规则

1. 团队分为 A/B 两个小组。

2. A/B 两个小组在最后各有两个交付物，一个是迭代诱变因子，一个是应对性方案。

3. 头脑风暴时，提倡自由发言，减少干扰与阻断。

4. 每个团队成员均需要提出至少一个诱变因子，并在组内进行阐述。

游戏的交互性

游戏中，球迷队员之间的交流比较频繁，非球迷与球迷之间的交互在于讲解与分析，作为团队整体的组成部分，彼此之间为达成共识，围绕游戏的目标，依然需要充分的内部互动与交流。

可能的变化

视频只是一个引子，是同样诱变与应变的一个缩影，类似于这种快速响应、积极应变的案例有很多。其实，给客户提方案也是一样的道理，在整个过程中，方案因各种反馈不断进行调整，并且也需要在有限的时间内完成既定的目标。作为团队的敏捷教练，如果选择同行的案例进行阐释，可能不容易看到问题，选择跨行业的案例，则可能会有奇效，更容易看到特点。建议基于团队实际情况自由调整。

情绪化反应

球迷看到视频时，表现出来的是兴奋。足球的魅力就在于"半天"不进，一进一转超级兴奋。"神来之笔"对于球迷来讲是振臂高呼的亢奋，不看球的则表现的比较平平，整个游戏过程中的表现比较平静。

量化结果

这个游戏不分输赢，只要团队成员能理解并接受敏捷拥抱变化和快速响应的本质就是胜利。

引导问题

1. 球队老板的目标是获胜，拿到更多的赞助。球员的目标是获胜，得到更多的奖金。教练的目标是获胜，名利双收。公司老板的目标是交付有价值的产品，赚钱后再拓展。开发队员的目标是迭代成功，交付有价值的东西，拿工资拿奖金。敏捷教练的目标是迭代成功，高品质交付，名利双收。你觉得现在团队中这三个角色的目标有

没有问题？

2. 你觉得所有团队成员应该有什么样的共同目标？你们团队商量出来了吗？

3. 目标导向是不是结果导向？如果过程出问题，结果是否必出问题？为了保证结果不出问题，应变力是不是特别重要？你觉得应该以什么样的心态面对变化和拥抱变化？

经验与教训

这个游戏最大的魅力在于应变，在于迎接变化与响应变化。球场如战场，场上形势瞬息万变，可以很好地体现变化与应对变化，见招拆招，而敏捷，就是见招拆招，快速响应的典范。这个游戏需要迁移性思维，也需要营造氛围，需要团队成员能投入到具体的场景中，所以，敏捷教练的引导非常重要。如果觉得有问题，可以不用球场的变化，可以变成制作东西，一轮一轮地变，不停地变，变到让人想吐，以更好地观察团队成员的反应。在变与不变的相对变化中，达到一种平衡，寻求一种共识。总之，游戏的设计与执行，始终需要围绕拥抱变化和快速响应。

游戏步骤

为了增加互动和帮助读者朋友及时巩固和练习前面介绍的游戏，我们在下文留白，邀请大家参与记下自己的游戏步骤或以视觉化方式来表达游戏实践过程中的关键时刻。

自管理，感悟敏捷团队的境界

图解游戏

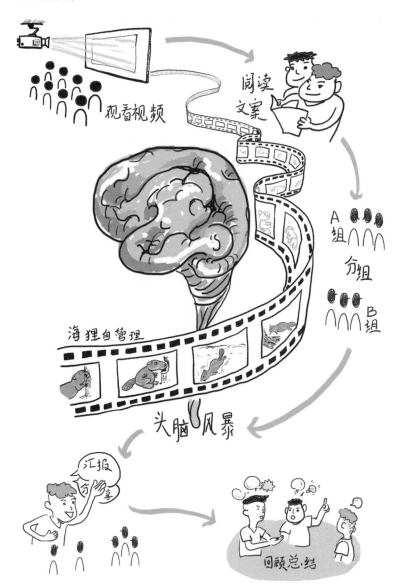

游戏名称　　海狸为师

现实抽象

对于自管理，我们通常可以理解为自己组织起来，自己管理自己，自己约束自己，自己激励自己，自己管理自己的事务，最终实现自我奋斗目标。对于自管理团队，指这样的团队在获得相应的授权后，承担部分以前自己领导所承担的职责，随着团队的成熟度不断提高，团队获得的授权越来越大，团队自我管理、自我负责、自我领导和自我学习的特点逐渐显现。《敏捷宣言》的原则中提到，最好的架构、需求和设计出于自组织团队，自组织团队也叫自管理团队或者被授权的团队。团队被授权自己管理自己的工作过程和进度并决定如何完成工作。团队可以自己做技术决策，可以制定团队内部的行为准则。此时对于管理层来讲，只需要确定团队的目标与愿景，为团队提供良好的环境和支持就可以了。在自管理团队中离不开团队每个成员的自管理，只有每个团队成员都做好自己份内的事情，高效率、高标准地完成任务，整个团队才能达到自管理的真实境界。作为团队的敏捷教练，我们要有这样的认知，自管理团队不是与生俱来的，打造一个团队需要一个过程，打造一个自管理团队也一样。我们建议管理者给予团队合理的授权，并引导团队持续改进，帮助团队持续地挑战更高的目标，给团队提供环境和支持，引导团队往正确的方向前进。对于自管理的学习目标，在敏捷转型的学习期，主要为让团队成员知道敏捷团队需要自管理，对自己的新职责有简单的认知，能有所感悟即可。因此，让团队成员站在观察者的视角来看自管理"大师"海狸是如何做的，然后让团队成员结合视频材料与文案资料自己分析，自己总结如何在以后的敏捷开发过程中进行自管理，效果可能比单纯的说教更加的有效。

关键挑战

我们一直习惯于被管理，在单位被领导管，在家被父母管和被老婆管。在这个始终被管理的无限循环中，已经很不适应自管理，适应

的反而是工作被安排，事情被指派，丧失了主动性与责任感，所以，对团队成员来讲，跳出常规思维，让新思维和新的行为逻辑来指引自己的行动是最大的挑战。

魅力指数	★★★★★
游戏玩家	敏捷教练和团队成员
适用人数	不限
游戏时长	40 分钟
所需物料	海狸行为分析视频、海狸"自管理"行为说明性文案、笔、A4 纸和便利贴

1. 海狸行为分析视频 https://v.qq.com/x/page/r07176vzils.html

2. 海狸"自管理"行为说明性文案

海狸因其筑坝的本领而出名，被称作"丛林工程师"。它们用树枝、石头和黏土筑坝。冬天的时候，用泥土和树枝筑成的洞顶会冻结，保护海狸不受野兽的侵犯。洞内高度可达 1.8 米，在冰层下面，有一两条通道供它们进出。

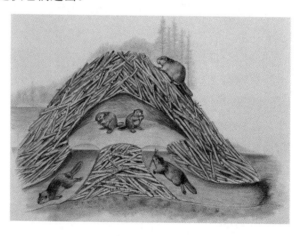

海狸的分工合作能力很强，相互之间从不计较。一旦有危险，就用尾巴拍打水面来通知其他海狸，然后一起潜入水中。当河水上涨的时候，巢内的海狸会集体出动，用嘴折断树枝，在将这些树枝拖回洞内来修复堤坝。在修复堤坝的过程中，海狸们的工作始终是紧张而有序的，可是，你又无法从中找到哪一位是组织者或带头的。事实也的确如此。这些海狸所做的一切都是由它们自己决定的，每一只海狸都可以决定如何修理堤坝，它们都运用自己的最佳判断力来努力完成自己的工作。你也很难发现海狸之间互相撕咬和打架，它们彼此高度尊重。在修理堤坝的过程中，如果一只海狸把树枝放到巢内的一个地方，其他的就会把树枝架在别的地方。不仅如此，海狸之间能做到绝对的信息共享。如果一只海狸发现了可取的树枝，它会马上把消息传达给其他的海狸；如果有海狸发现危险，它一定会立即用尾部拍打水面，告诫周围的伙伴们逃生，而自己却有可能是最后一个逃离险境的。

游戏场景　　室内培训

游戏目标

1. 加深团队对"自管理"的认知。
2. 提升团队的"自管理"意识，学习到部分"自管理"方法。
3. 服务于团队的敏捷转型，提升敏捷团队的"自管理"能力。

游戏规则

1. 游戏不记分，不分输赢。
2. 自由讨论，头脑风暴，观点不受束缚与否定。
3. 全心投入，认同自管理价值观。

游戏的交互性

这个游戏的交互性主要体现在团队成员在观看完视频与读完海狸"自管理"行为说明性文案后的交流讨论阶段，不同团队成员对自管理的认知、彼此观点的交叉与冲撞都有可能，最后的关键点在于对本团队自管理管理办法达成共识，这个更需要彼此间充分的沟通与包容，甚至是相互间的尊重与妥协。

可能的变化

看视频，看文案，然后进行反思性发言，感同身受地进行分析，这是一种比较简单的游戏方式，适合回顾。也可以变成演绎对比的游

戏，如，分为两组，都按固定的流程进行交付，刚开始都有领导负责管理与人员协调，一切正常。后来去除领导，只留下员工，一组队员会自管理，一组队员不会自管理，结果，自管理的流水线运行正常，产品交付品质如初。不会自管理的团队乱成一团糟，生产停滞，无法交付。当然，这样的游戏难度比较大，需要排练演绎，耗费比较大。所以，作为团队的敏捷教练，只要围绕自管理的主旨，可以是辩论游戏，可以是演绎游戏，可以是回顾分析游戏。

情绪化反应

游戏刚开始，团队成员还比较平静，因为很多人并不太在意是不是自管理或者不知道自管理的优势。看完视频后，大家开始有一些好奇，海狸竟然可以这样做，加上我们敏捷教练的合理引导与优势分析，煽动性的旁白解释，团队成员的眼睛一亮，变得有神有兴致。蠢蠢欲动的实验性小火苗开始在内心燃烧。

量化结果

游戏不分输赢，只要团队成员能接受"自管理"的价值观，认知到"自管理"的重要性即可。

引导问题

1. 视频中，海狸的哪些行为体现出了自管理？
2. 你觉得敏捷团队为什么需要自管理？
3. 你觉得团队目前需要获得哪些授权？
4. 为加强团队的自管理水平，你觉得还需要在哪些方面发力？

经验与教训

海狸的工作方式是每个个体都控制着实现目标的过程，用正确的方法勤奋地做正确的事。海狸的方式涵盖领导与个人关系两个方面：一方面，个人拥有自主权，控制着实现目标的过程，这个过程需要充分融入积极主动性和聪明才智；另一方面，组织允许并鼓励个人这样做，领导充分信任和授权，让下属得以最大程度完成既定任务，并在下达指示时给员工一定的发挥空间，让员工勇于挑战和有自主意识，两者相辅相成。海狸没有领导，靠彼此的默契和相互信任来掌握达到目标的过程。在宣扬团队合作的今天，海狸是我们最好的老师。因此，在敏捷开发团队中，我们要大力推行"自管理"的价值导向，提升团队的自组织能力，在团队成员自由信任的氛围中快乐交付，充分发挥自己的聪明才智。

 游戏步骤

为了增加互动和帮助读者朋友及时巩固和练习前面介绍的游戏，我们在下文留白，邀请大家参与记下自己的游戏步骤或以视觉化方式来表达游戏实践过程中的关键时刻。

面对面沟通，快速理解大比拼

图解游戏

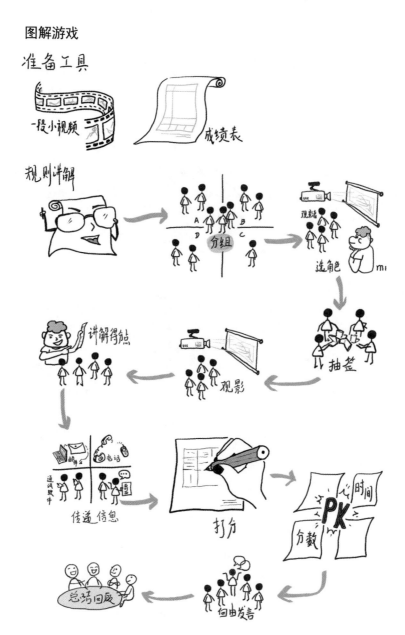

准备工具

一段小视频　　成绩表

规则讲解

A B D 分组 C

观影　选角　m1

讲解得焦　观影　抽签

邮件　电话
通讯软件　微信
传递信息　打分　PK 时间 分数

总结回顾　自由发言

游戏名称　　有模有样

现实抽象

在日常的工作和学习当中，我们经常使用文档、邮件、聊天软件、电话和面对面等沟通方式，基于不同的场景进行切换。在敏捷开发中，在迭代进行时，主要使用哪种沟通方式？一个问题澄清，一个变更微调阐述，一个接口调试异常，一个 UI 小缺陷，一个简单的配合分工，针对这些问题，什么样的沟通方式才是最高效、最直接的？消息快速直达，沟通简洁高效，表达清晰到位，形神兼备，反馈直截了当，时间明确，标准明确。最终所有需要解决的事情都得到了最高效的解决。为了提升沟通的效率，敏捷开发中，提倡进行面对面沟通，同组的人坐在一起，需要紧密配合的人肩并肩或背靠背而坐，扭扭头，动一下显示器就能看到彼此的桌面，直接进行面对面的沟通。我们强调，遇到问题时要少扯皮，少用邮件来回抄送沟通，多站起来，走动起来，面对面直接沟通，把问题当面解决。但这一切要求和提倡的背后又是什么？让大家认识到这种沟通价值观的重要性和在迭代开发中的必要性，不是强制，而是让大家能主动，这就是重点，团队成员都是有个性的成年人，只有自己认可，才会全心接受，说教不是最好的方式，直观的体验性感受才是最好的价值点传授方式。

关键挑战

包含语言、动作和表情的实战 COPY 模拟，对不善于表达的开发，本身就是有挑战的。他们还需要通过 4 种不同的方式进行传递，体验其中的优缺点，并且在模拟的过程中还存在分组对抗，有胜负之分，也增加了他们的压力。最后，还需要进行个人陈述和对比分析，自己悟出其中的道理。

魅力指数　　★★★★★
游戏玩家　　敏捷教练、团队成员和裁判员
适用人数　　8 人以上
游戏时长　　60 分钟

所需物料　　模仿视频、检查项打分表、成绩记录表、笔和电脑、手机

检查项打分表

序号	关键检查项	分值	实际得分	备注
1				
2				

成绩记录表

A 组		B 组		C 组		D 组	
耗时	得分	耗时	得分	耗时	得分	耗时	得分

参考视频方案。

- 请在网上自行搜索一个约 30 秒到 90 秒的视频。

- 敏捷教练表演一段预先准确好的节目，包含声音和肢体动作。

游戏场景　　室内培训

游戏目标

1. 促使团队成员悟出面对面沟通的重要性，在迭代过程中尽量多进行面对面沟通。

2. 提升团队成员的判别能力，基于沟通场景来选择更高效的沟通方式。

游戏规则

1. 传递信息的队员所传递的内容不可脱离原片段的大意。

2. 传递信息的队员所演示的动作，不可脱离原片段。

3. 依据情况，负责传递信息的队员可以增加动作配音或适当的肢体语言，增强其生动性。

4. 传递信息的队员在传递信息时，只能限定在自己选择的传递途径中。

5. 某一组进行信息传递演示时，另一组的信息接受者需要暂时回避。

6. 模仿视频中的关键信息点被拆分为 10 个关键检查项。

7. 一共 10 个检查项，每项 10 分，总分 100 分。

8. 裁判员依据检查项传递的准确性及是否传递，有无遗漏，进行打分。

9. 每个检查项的得分范围是 0 到 10 分。

游戏的交互性

传递信息的队员在观看完敏捷教练所提供的视频后，需要通过所选择的传递媒介进行准确的信息传递，把信息传递给接受者。传递者与接受者之间完美配合而达到高效的信息传递，体现了两者之间的互动交互性。最后，信息接受者需要把所传达的信息演绎出来，由裁判员确认是否传递准确和合格。

可能的变化

游戏的分组数量与角色数量可以变化，我在设计这个游戏时，采用的是分成四组，使用同一个视频，优点是可以保证信息传递难度的一致性，缺点是信息容易外泄，某一组表演时，其他组的接受者需要暂时回避。作为团队的敏捷教练，可以基于团队的人数来调整组的数量与所选定的媒介的数量。也可以采用每组一个不一样的视频，优点是，其中一组表演时，其他组的所有成员都可以一同参与，不用考虑泄密，缺点是难易程度不好把控，敏捷教练可以基于团队实际情况来进行个性化选择。

情绪化反应

刚开始觉得挺平静，反应不大，原因可能是因为并没有真实对比过这种差异，当游戏真正开始时，才看到不同沟通方式所带来的难度几何级增长。那种有口不能说，有肢体语言不能表达的无奈，怎一个急字了得！，由平静到急切，是最直观的情绪化反应。

量化结果

这个游戏不分输赢，最重要的是让大家认同面对面沟通的优势，是团队成员间提升沟通效率的秘诀。团队成员能集体接受面对面的沟通方式，就算胜出。

引导问题

1. 你认为影响信息高效传递的因素有哪些？
2. 在什么情况下你会选择面对面沟通？
3. 面对面沟通的优势有哪些？
4. 这个游戏带给你的最大感触是什么？

经验与教训

面对面沟通是信息高效传递的最有效媒介，不论是两个人的面对面沟通，还是多人的会议面对面沟通，都非常有效。当然，人越多，沟通成本也就越大，可能会降低沟通的效率，所以，我们在选择沟通方式和进行沟通组织时要更加注意。同时，团队成员通过游戏直观体验到面对面沟通的碾压性优势，在面对同一个问题时，可以更加声情并茂地进行信息传递，提升传递方与接受方共同理解的并积区域。

回顾游戏，结合自己作为团队敏捷教练的角色，开始时培训就要强调面对面沟通的重要性，在新团队组建与工位选择时，也要参与提出建议，力争把一个团队的成员安排在一起，强调背靠背的优势，点滴努力都可以促进高效沟通。

游戏步骤

为了增加互动和帮助读者朋友及时巩固和练习前面介绍的游戏，我们在下文留白，邀请大家参与记下自己的游戏步骤或以视觉化方式来表达游戏实践过程中的关键时刻。

自信心，标杆的现身说法

图解游戏

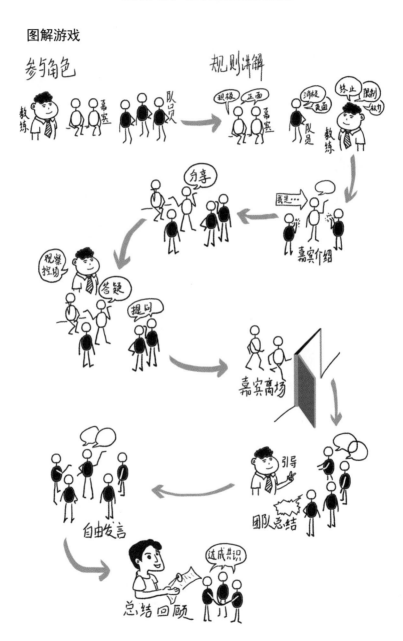

游戏名称　　假海绵

现实抽象

团队中成员素质和能力参差不齐，作为团队的敏捷教练，我们不但要帮助能力弱的"短板"成员来提升整个团队的研发效能，更要注重培养团队成员的敏捷能力和学习意识等。因此，在敏捷理论知识培训过程中，我们可以邀请一些"标杆"来进行分享。"标"是达到或超越参照物的标准，"杆"是参照物，"标杆"是一个值得模仿的榜样，可以是人、模式、方法、流程或是某一个具体标准。我们这里的"标杆"是指已经完成敏捷转型团队中的优秀个人代表。为什么要邀请这些"标杆"来进行分享？因为，这些"标杆"团队已经取得了敏捷转型的成功，他们在学习和实践上都取得了成果和方法、其实践有很好的参考价值和指导作用。我们希望通过"标杆"分享来激励刚刚接受敏捷理论知识培训的新人，希望通过"标杆"分享来提升新人的自信心，同时也顺便通过他人之口验证一下敏捷是好的，敏捷并不难，敏捷可以帮助到团队。同时，在分享的过程中，新人也可以问这些"标杆"一些更加有针对性的问题，得到最真实的反馈与解答，这些答案比敏捷教练讲起来有用，更可信。因此，作为团队的敏捷教练，在转型的中期阶段，要适当通过游戏化的方式组织"标杆"来新团队进行分享。

关键挑战

需要在团队内部或公司内部或外部资源中寻求到可以分享的标杆，标杆所掌握的知识符合当前团队的急迫需求和当前团队面临的困境。首要的挑战来自于敏捷教练。当然也包括分享话题的适用性，对敏捷教练也是挑战。对团队成员来讲，其挑战主要是理解、消化、吸收和接纳。此外，这个游戏对分享嘉宾的要求比较高，要不停接受负能量，要有比较强大的内心。

魅力指数　　★★★★

游戏玩家　　敏捷教练、团队成员和分享嘉宾

适用人数　　不限

游戏时长　　30 分钟

所需物料　　大红花

游戏场景　　室内游戏

游戏目标

1. 提升敏捷新人的自信心。

2. 来自真实案例、真实人员的答疑解惑，为敏捷开发在新团队落地做背书。

游戏规则

1. 分享嘉宾演绎正派，团队成员演绎反派。

2. 分享嘉宾只能分享"积极"的信息。

3. 团队成员在提问时只能提问"消极"的问题。

4. 团队成员所提问的问题只限于工作，不得人身攻击。

5. 分享嘉宾只能"积极"的回答团队成员提出的问题。

6. 每个团队成员最多只能问两个问题。

7. 敏捷教练有权终止或限制某一个问题的回答。

8. 游戏不分输赢。

游戏的交互性

团队成员就心中的疑惑与分享嘉宾产生诸多的交流和碰撞，其实也是培训时的理论与现实应用实践的碰撞。团队成员之间本身也可能对某一观点产生激烈的碰撞，没有绝对的答案，只有相对的参考。

可能的变化

标杆分享可以用在转型团队的任何环节，可以关于产品可以关于研发，可以关于测试、可以关于具体的执行与流程等等。本次是用在培训穿插场景中，敏捷教练可以基于实际情况进行适应性调整。

情绪化反应

团队成员刚开始对嘉宾充满期待，分享完成后，团队成员主动提问，期待变成喜悦和满足，内心的困惑得到了解答，可能存在的不信或不自信得到了验证，自信心得到了提升。

量化结果

这虽然是一个规则限定下的冲撞游戏，但游戏不分输赢，只要能答疑解惑，提升团队成员的自信心就算胜出。

引导问题

1. 你的问题难倒了分享嘉宾吗？心塞吗？

2. 转型马上就要开始了，有信心成为下一个新团队的标杆吗？

3. 为提升团队成员的转型成功自信心，你觉得哪些方面还需要努力？

经验与教训

一定要邀请典型成功的嘉宾进行分享，这样更有说服力，可以起到更好的宣传推广作用。要控制好嘉宾分享的时间与主题，防止滔滔不绝与主题分化，在专业的领域与专长的地方发挥特色，起到更好的引领与示范作用。邀请标杆主要是为了解决预转型团队成员心中的疑虑，对于没有解释清楚的环节，敏捷教练协助解释清楚，避免团队成员带着疑问离开，这样对后期的转型推广非常不利。此外，这个游戏对嘉宾与敏捷教练的要求都比较高。对嘉宾来讲，主要是心理素质，别人一直说不行不行，不好不好，这问题那问题，对此，他要基于自己的实践提供积极正面的回答，以帮助到队员。心理素质稍微差一点儿，有可能被团队成员问倒或是自己先崩溃跑掉。分享嘉宾应该像不吸水的假海绵一样，什么问题都难不倒，不能影响到自己对敏捷价值的独立判断。敏捷教练的引导也很重要，这是一个模拟攻击的游戏，任由"脏水"泼来，也要转化过滤。不能让"事态"扩大，在攻击与被攻击之间找到平衡，既能帮助队员排解心中消极的疑惑，也能帮助分享嘉宾获得最真实的"第二阶梯"声音，这样才能实现三赢。

游戏步骤

为了增加互动和帮助读者朋友及时巩固和练习前面介绍的游戏，我们在下文留白，邀请大家参与记下自己的游戏步骤或以视觉化方式来表达游戏实践过程中的关键时刻。

目标，量身定制我们的阶段转型目标

图解游戏

游戏名称　　　目标秀

现实抽象

团队在完成敏捷培训后，要开始执行敏捷 Scrum 框架，对于阶段性的转型目标，需要团队达成共识。团队有整体的目标，需要每个人共同努力才能实现，每个人也应该有自己的目标。自己写，自己定，也是对自己的一种督促和自我监督。要相信团队成员都是遵守敏捷价值观的，自己设定的阶段目标一定会认真执行和实践，等到团队集体进行阶段性汇报时，也可以把自己的阶段成果贡献出来，公开秀一下转型的成果。成年人的目标，自己设定，自己执行，自己展现，或许执行起来才更加顺心和从容。目标可以驱动行为，目标是方向，在梳理问题、自纠自查和确认目标时，敏捷教练要多引导，使其在合理的范围内制定目标，不能瞎定，瞎搞，大跃进，放空炮，不切合实际。好的目标是有验收标准的，这样执行起来才更有意思，才更好落地。在敏捷转型真正开始前，敏捷教练可以引导团队成员制定团队的阶段性转型目标，以实现目标为荣，以团队及个人成长为荣，增强其自驱力与成长源动力。

关键挑战

自己设定、自己执行和自己展现，对一些迷茫的成员来说，可能会感到无所适从，因为他们根本不知道自己要改进什么，不知道经过阶段性转型后会取得什么样的成绩。同时对多数队员来讲，目标要有检验与验收，所以，心理上也有退缩。

魅力指数　　　★★★★★
游戏玩家　　　敏捷教练和团队成员
适用人数　　　不限
游戏时长　　　30 分钟
所需物料　　　定制化 A4 表

姓名：		团队：			职位：		日期：	
计划表					考评表			
序号	目标	关键成果	权重	分值	完成情况	分项得分	得分	
1								
2								

游戏场景　　室内游戏

游戏目标

1. 提升团队成员的目标意识、自我改进与自我提升意识。

2. 促进敏捷培训成果的更好落地实践。

3. 为团队阶段性敏捷开发转型的胜利打好基础。

游戏规则

1. 每个小组需设定 2 个大的目标，如只有一组，则只需要设定 2 个大目标即可。

2. 大目标可以组内商议制定，小目标需要团队成员各自制定与实现。

3. 小组成员的小目标需围绕团队大目标进行细化，落实到个人的行为上。

4. 小组成员需要在秀表上填写清楚个人小目标和所对应的关键成果及权重、分值。

5. 游戏不分输赢。

游戏的交互性

小组成员内部需要积极讨论、协商和平衡，从而确定统一的团队目标，在目标的权重与分值方面，也需要达成相对统一的标准。此外，个人目标还要符合集体目标，个人目标的实现可以促使集体目标的实现，使沟通频繁而充分。

可能的变化

可以用于敏捷培训后的阶段转型秀，也可以用于激励团队的阶段性目标实现，辅导团队学会围绕大目标可以拟定自己的小目标，并通过自驱力来实现自己设定的目标。敏捷教练可以基于所要引导的场景性目标进行特性设计，并提供有效的激励。

情绪化反应

从最初的迷茫与苦苦思索，到目标清晰，内心的渐进充实与满足，对未来及自己即将达成的目标，充满了期待。

量化结果

这个游戏不分输赢，只要自己能独立完成目标的设定并制定相应的标准，就是算胜出。

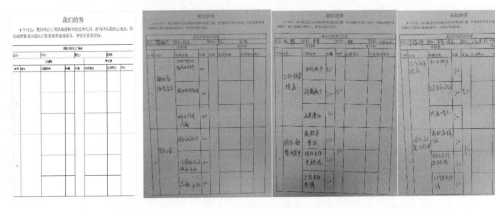

引导问题

1. 你的个人目标是围绕团队目标设定的，还是自己随意写的？

2. 你的个人目标中融合了对敏捷转型的哪些期待？

3. 你对目标达成的"成就感"诉求是什么？

经验与教训

从刚开始迷茫不适应到逐渐清晰适应，很多团队成员反馈，他们以前只知道接任务，实现任务，对自我及对团队没有清晰的目标与规划，完全是跟着项目经理或个别领导走，缺乏自管理与自组织。原来的目标也是别人定的，不能有效激发自己的主观能动性和有效激励自己为了目标而奋斗，有一种被压迫的感觉。通过这样的游戏，自己可以设置自己的目标，只要符合集体大目标，自己可以做主，有成就感、有实现的动力，在以后的团队中，期待可以更好地自管理。作为敏捷教练，在游戏过程中，首先要做好"秀表"的设计工作，提前打印好，在游戏开始后分发给团队成员。其次，要有一定的 OKR 相关知识，团队大目标、个人小目标、权重和得分，基本上采用了 OKR 的相关内容。最后是对于游戏过程的引导，在引导过程中要注重发挥团队带头人的作用，调动其积极性，因为这个人的话语权很大，可以加速或促成团队大目标的实现，当然也要调动团队成员参与的积极性，因为队员才是实现目标的主体。这个游戏首先是引导团队设定目标，但最重要的依然是服务于敏捷转型的胜利与阶段性转型成果的汇报，因此，在真实的目标引导过程中，转型目标也要考虑进团队的成长大目标中，两者是一个有机体，不可割裂。

📝 **游戏步骤**

为了增加互动和帮助读者朋友及时巩固和练习前面介绍的游戏，我们在下文留白，邀请大家参与记下自己的游戏步骤或以视觉化方式来表达游戏实践过程中的关键时刻。

双向沟通，用折纸来验证单向的弊端

图解游戏

准备工具

A4白纸

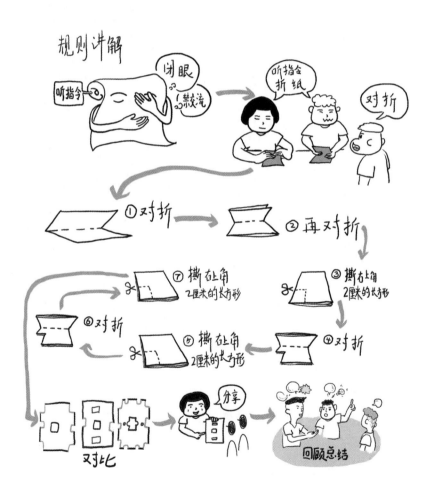

规则讲解

听指令　闭眼　听指令折纸　对折

① 对折　② 再对折

⑦ 撕左上角 2厘米的长方形　③ 撕右上角 2厘米的长方形

⑥ 对折　⑤ 撕左上角 2厘米的长方形　④ 对折

对比　分享　回顾总结

游戏名称　　　折出的寓意

现实抽象

双向沟通指信息的发送者和接收者的位置不断变换，信息可以在发送者和接收者之间互相传播。

双向沟通的优点是沟通信息准确性较高，接收者有反馈意见的机会，产生平等感和参与感，增加自信心和责任心，有助于建立双方的感情。

双向沟通是一种动态的双向行为，双向沟通对信息发送者来说应得到充分的反馈。只有沟通的主客体双方都充分表达对某一问题的看法，才真正具备有效沟通的意义，因此，双向并且有效的沟通非常重要。

大家可能都经历过这样死气沉沉的开会场景，产品负责人在投影仪前侃侃而谈，开发人员在电脑上疯狂敲代码，让人觉得产品负责人所讲的东西与自己无关。面和心不在，各干各的，貌似开会就是在拼人数走流程。产品负责人把需求讲完，询问开发和测试有没有和不理解需要再次澄清的。开发和测试要不不吭声，要么无力回答说没有。会议就这样"完美"结束，等到了真正开发时，PK 正式开始，这个需求不合理啊，这个需求改动太大，推翻了原来的设计啊，这个需求不好实现，现在做不了啊，等等等等，早干嘛去了呢？！为什么需求澄清时不讲清楚和不问清楚，现在才提出来？类似这样的无效会议很常见，不仅存在于需求澄清时，更存在于研发过程中各种各样无聊的会议中。因缺乏有效的双向沟通，使会议变得低效，失去原有的意义。

关键挑战　　　团队成员在整个游戏过程中需要闭上眼睛，游戏过程中只能接受敏捷教练的指令，不能向敏捷教练提问，不论是否听懂，不论是否听到。这种相对极端的信息传递过程，对团队成员来讲是一种挑战，对理解会造成偏差，对执行更会造成无法修复的偏差。

魅力指数　　　★★★★★

游戏玩家　　　敏捷教练和团队成员

适用人数　　　不限

游戏时长　　　30 分钟

所需物料　　　A4 纸、口令表、眼罩

口令表

步骤	口令
1	把白纸对折再对折
2	右上角撕下一个 2CM 高的正方形
3	再垂直对折一次
4	在右上角撕下一个边长 2CM 的长方形

游戏场景　　　室内培训

游戏目标

1. 使团队成员认知到双向沟通的重要性。

2. 促使团队成员养成双向沟通的习惯。

游戏规则

1. 团队成员在整个游戏过程中需要闭上眼睛。

2. 游戏过程中只能接受敏捷教练的指令，不能向敏捷教练提问，不论是否听懂，不论是否听到。

3. 团队成员需按照敏捷教练的指令对纸张进行折叠或剪裁。

4. 游戏过程中，团队成员间也不能交流。

游戏的交互性

团队成员需要在闭眼的状态下，按照教练的口令进行折纸，这是倾听和动手能力的转化。队员之间没有交流，也看不到彼此。在本游戏的前期阶段，仅限于敏捷教练与团队成员间的单向交流。在游戏后期的回顾反思阶段，才有团队成员间的交互。

可能的变化

折出的图形可以变化，可以结合实际使用的材质进行调整。也可以采用其他种类的单向沟通道具，只要能把单向沟通与双向沟通的优劣势呈现出来就可以。

情绪化反应

这个游戏比较好玩儿，刚开始进行游戏规则介绍时，大家都表现出了兴趣。在游戏的过程中，大家全神贯注，全心投入。游戏结束后，看到彼此间的差异，大家感慨，没想到执行同样的口令，却因为没有双向沟通，来进行确认与修正，竟然有如此大的差异。

量化结果

不分输赢，只要能理解和认同双向沟通的重要性就算胜出。

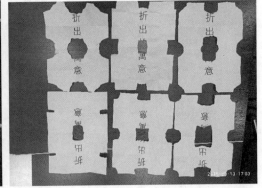

引导问题

1. 你在游戏开始前，能否预判到游戏结果的巨大差异？

2. 你觉得双向沟通重要吗？你认同双向沟通吗？

3. 你觉得在敏捷开发的哪些场景需要用到双向沟通？

4. 基于游戏的结果与你的感触，你觉得目前团队需要在哪些方面进行提升？

经验与教训

这个游戏有三个关键点。团队成员要闭上眼睛或带上眼罩，这样可以有效避免彼此间因为不小心看到对方折纸的效果，可以给折纸带来更大的不确定性。

- 团队成员与敏捷教练之间不能沟通，是单方的信息传递，没有交互、沟通和确认，团队成员只能接受信息，其反馈就是折纸。

- 团队成员之间不能有沟通，每一个人都是孤立的独立个体，没有沟通与信息比对，完全靠自己听到的口令进行折纸操作。团队敏捷教练在组织游戏时要注意这三点，否则游戏的效果有可能会大打折扣。

- 敏捷教练在引导时，要基于折纸结果的巨大差异来引导团队成员进行反思，反思的关键在于单向沟通的弊端和无反馈沟通的弊端。要放大双向沟通的优势，引导团队成员在敏捷开发过程中多做双向沟通，特别是在需求梳理阶段，多方角色要多做双向沟通，多给彼此反馈，而不是只听不说，到最后问题暴露出来时已经晚了。

游戏步骤

为了增加互动和帮助读者朋友及时巩固和练习前面介绍的游戏，我们在下文留白，邀请大家参与记下自己的游戏步骤或以视觉化方式来表达游戏实践过程中的关键时刻。

承诺书，情理之中的"道德绑架"

图解游戏

准备工具

规则讲解

游戏名称　　　我的承诺

现实抽象

为什么要写承诺书呢？听到承诺书，很多人的第一感觉可能是签字画押。签字画押的主要目的是应对开发过程中的各种变变变。因为有些人不守承诺，责任心缺失，根本说话不算话。但签字就能遵守承诺吗？我想，承诺书只是单纯的承诺，它不是法律，只能当作道德约束或只是单纯的游戏规则。正所谓一诺值千金，承诺就要守信，这是为人之本，诺而无信，就得不到别人的信任。

办不到的事就不要承诺，而讲明自己办不到的原因，不可欺骗别人。在敏捷开发转型实践中，每个团队角色都有对应的职责和使命，有游戏规则的约束，但是，口头的答应和遵守，有时不一定起到有效的约束作用，不足以引起大家的重视，变变变时常发生，不守承诺和责任心缺失的事情也偶尔发生。我为了引起团队成员的重视，引入了签署敏捷转型承诺书的环节，只是希望所有团队成员更加重视并遵守自己的职责，把签署当成一个正式的团队仪式。

关键挑战

团队成员需要认清自己这个角色的职责和使命，只有这样才知道如何承诺，知道写了承诺后如何履行。刚刚学习敏捷，还没有开始真正使用，所以可能会比较懵，写不清楚，写不到点儿上。

魅力指数　　　★★★★★
游戏玩家　　　敏捷教练和团队成员
适用人数　　　不限，最好是多团队或多角色一起
游戏时长　　　40 分钟
所需物料　　　空白承诺书和笔
游戏场景　　　室内培训

游戏目标

1. 使团队成员更好地理解自己的职责与使命。

2. 使团队成员能各尽其责，竭尽所能。

3. 为敏捷在团队的推行制定道德规范。

游戏规则

1. 队员需结合自身的角色职责及敏捷培训相关内容，写下属于自己的承诺。

2. 所有角色职责最后统一汇总在一起，形成统一的团队共识承诺书。

3. 需要把共识承诺书打印出来，每个团队成员进行签字。

4. 承诺书中的职责承诺需要在接下来的转型实践中落地执行并作为阶段回顾的对比标准。

游戏的交互性

团队成员之间需要就职责达成共识，协商制定统一的执行标准。静态到动态，争吵到互帮，汇聚与取舍，最后制定统一标准的团队承诺书。

可能的变化

适用的阶段可以调整，可以用在敏捷培训后的初次转型期，也可以用于团队回顾，敏捷教练要发挥引导示范作用，朝着积极、正面的方向进行引导。

情绪化反应

团队成员在基于自己角色职责写自己的角色承诺时，比较安静。在组内讨论时，有争执，情绪有起伏。在签署承诺书时也比较安静，在基于承诺自由发言时，比较诚恳，整个过程是认真的、开放的。

量化结果

这个游戏不分输赢，只要团队成员能签署共同协商达成的承诺书就算胜出。

引导问题

1. 通过这个游戏，你对自己的角色职责与使命是否更加清晰？

2. 什么情景会让你自己不得不遵守承诺？

3. 为了使大家在以后的敏捷开发中更好地遵守自己的承诺，你有什么建议性的方案或保障措施？

经验与教训

团队成员对自己职责的理解是存在差异的。部分成员认为，有些职责不属于自己，是别人的职责。部分团队成员认为，这就是我们应该做的，在职责的划分和清晰定义上花的时间过长。反复讨论，其实也是确认自己的职责范围，搞清楚能干什么，不能干什么、要干什么以及如何干好。是人都有私心，所以，少揽活的人还是多数，不希望多担责的人还是多数。作为团队的敏捷教练，我们也可以提前准备一个承诺范本，打印好，在游戏开始后分发给团队。这样，团队可以在范本的基础上进行讨论，不太会跑题，可以把讨论控制在合理的范围内。在定义职责的过程中，如团队内部出现争吵，我们要合理引导，但少做直接"对与错"的干预，尽力让团队在自组织的情况下达成内部平衡，在观点上达到一致，促成团队内部统一承诺的形成，将其作为团队共同遵守的约定。

游戏步骤

为了增加互动和帮助读者朋友及时巩固和练习前面介绍的游戏，我们在下文留白，邀请大家参与记下自己的游戏步骤或以视觉化方式来表达游戏实践过程中的关键时刻。

第 5 章
团队回顾

  本章的主题为敏捷团队回顾，共包含 12 个游戏，以常规回顾作为开篇，游戏化演绎团队的正常检视与调整。紧接着开始倾向于团队成员的心情与情绪管理，帮助团队成员找到心灵共鸣，探寻心情的波峰与波谷，通过情绪疏导，延展团队成员的自组织能力。接下来依然是走心的游戏，包括同理心，正能量，分享快乐，放松自我等等，最后是团队协作类的游戏，包括团队内部协作、跨团队协作部分，围绕协同困境、等待浪费展开，涵盖了团队在迭代过程中出现频率比较高的问题，给予游戏化的解决方案，期待团队成员可以在游戏中感悟与反思，在非强制性要求中能有所改进与提升。

常规回顾，团队检视与调整

图解游戏

游戏名称　　　手工贴

现实抽象

回顾会是敏捷 Scrum 框架中 5 项活动的最后一项活动，在敏捷迭代中必不可少。以前的开发模式没有明显的回顾会环节，可能一起吃饭、K 歌，并不是非常正式的回顾方式，大多是为了增进彼此的感情，即使在开发过程中遇到了不少的问题，也不能以回顾的方式得到快速改进，因此，敏捷团队中的回顾会非常重要和必要。常规的回顾会在迭代结束后把团队集中到会议室回顾需要改进的做得好的，需要禁止的可以用常规的便利贴，优点是书写方便，不用提前准备，缺点是不好统计，相对比较传统，不方便记录和长期整理。可以用调研问卷，以问卷的形式进行统一的信息收集。当所有问题都收集好后，不管是便利贴，还是问卷，都可以针对出现的问题商议，形成可以落地且团队可以达成共识的方案，然后在下个迭代中进行集体改进。但是，常规的回顾方式在敏捷迭代回顾中仍然很重要，所以，作为团队的敏捷教练，依然有必要在迭代结束后，以常规形式带团队做回顾总结。

关键挑战

适用于敏捷团队转型初期的回顾，如果要用到已经转型好长时间的团队中，需要把握分寸。常规使用中的关键挑战为如何对团队发现的问题以团队共创的方式形成可能落地执行的方案，需要敏捷教练调动团队成员的积极性，核心在于，不是敏捷教练告诉团队答案，而是团队自己针对发现的问题自己去找到答案。

魅力指数　　　★★★★★
游戏玩家　　　敏捷教练团队成员
适用人数　　　不限
游戏时长　　　60 分钟
所需物料　　　笔、便利贴或预先准备的电子问卷
游戏场景　　　室内培训

游戏目标

1. 发现团队迭代期间的问题并解决迭代期间产生的问题。
2. 帮助团队提升，加强团队的自我进化能力。

游戏规则

1. 问题围绕优点项、改进项和禁止项，不要外延。
2. 针对问题需自省形成解决方案，可落地、可执行。
3. 问题对事不对人，不可算计同事。
4. 优点项用绿色便利贴，改进项用黄色、禁止项用红色。
5. 一张便利贴上只写一条回顾项。

游戏的交互性

队员首先需要把各自发现的问题暴露出来，然后针对发现的问题进行理念碰撞，特别是针对问题解决方案和问题的对错是非判断，其间不免会有冲突，需要进行充分的沟通与协商，制定共同遵守的行动方案。

可能的变化

回顾会的形式是可以变化的，可以是像本文中所讲的正规"三段式"回顾，也可以是更加开放的自由发言回顾，情景式，游戏式回顾，只要涉及回顾与改进就可以。敏捷教练可以基于团队的实际情况及所处的阶段提供适应性的回顾方案。

情绪化反应

游戏开始前，不论是使用便利贴还是电子问卷，都在认真填写问题。游戏开始后，听到优点项，很开心，也不感到"心虚"或不好意思，比较坦然。在回顾禁止项和改进项时，偶尔也会有针对某个人的问题，会有一点小争执，情绪波动比较大。在方案阶段，都会依据自己的实际情况进行解释，比较平静。

量化结果

这个游戏不分输赢，只要能对团队发现的问题达成一致的问题解决方案即为胜利。

引导问题

1. 当听到那么多优点项时，感到心虚吗？

2. 对自己没有写出来的迭代中的改进项与禁止项，在听到前，自己是否也意识到了同样的问题？

3. 你有没有参与制定问题的解决方案？你为团队做出了哪些贡献？

经验与教训

整个游戏过程中，团队成员比较谨慎，认真回顾与总结。虽然在回顾会时，有些团队比较喜欢自夸，写了很多优点，根本没有缺点，还有的团队成员会相互包庇和保护，迭代过程中问题很多，但通过集体回顾的方式根本暴露不出来。还有些团队，因为团队成员之间有矛盾，比如有些开发和测试之间有过不愉快，就有可能发生相互指责的事情，说了对方很多的不足。还有的情况是有些团队成员根本不写，本来一句话的内容，只写了几个字，还是无关痛痒的字，等等。不同的团队，在回顾时的状态千奇百怪，因此，回顾游戏的纪律还是很重要的，回顾的仪式感也很重要，在组织敏捷回顾这样的游戏时，一定要注意。比如，可以强制限制字数，比如可以要求必须写禁止项。作为团队的敏捷教练，迭代回顾会的目的是帮助团队总结问题，是帮助团队改进提升的关键会议，所以一定要用好，组织好，引导好。

游戏步骤

为了增加互动和帮助读者朋友及时巩固和练习前面介绍的游戏，我们在下文留白，邀请大家参与记下自己的游戏步骤或以视觉化方式来表达游戏实践过程中的关键时刻。

心灵共鸣，探寻心情的波峰与波谷

图解游戏

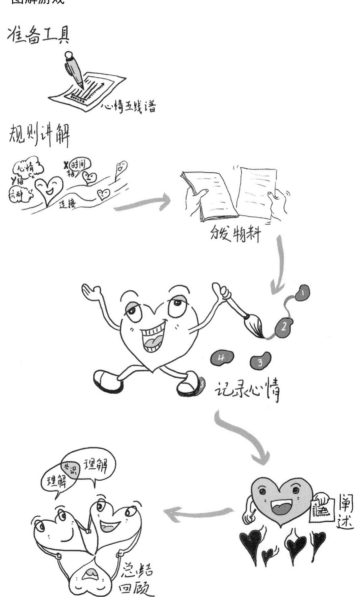

游戏名称　　心情五线谱

现实抽象

在敏捷团队迭代开发期间，每个团队成员因为角色的不一样，在整个迭代期间的心情变化时间段或心情好坏起伏的波浪线是不一样的。

- 产品负责人可能在 PBR 前比较紧张，因为马上要开始下一个迭代了，如果相应的需求没有理清楚，相应的交互设计稿和视觉设计稿还没有准备好，肯定很紧张、忐忑压力比较大。

- 开发在迭代计划会时，要评估工作量，要拆解任务，要开始一个新的迭代，所以压力来了，又要开足马力开始干活，这时的心情可能比较低落。随着迭代的进行，任务逐渐顺利完成，压力逐渐变小，心情越来越好。在开发阶段，可能由于自测质量不高，结果在回归测试时发现了一些问题，所以心情有些低落，随着问题被一个一个攻克，心情又开始变好。

- 测试，也有自己的心情曲线。即使在同一个团队，每一个人都不一样。如果是放在不同的团队，心情历程更会千差万别，所以，为了让团队成员之间能够更好地理解彼此，更有同理心，知道彼此的心情曲线，就变得很重要。因此，作为团队的敏捷教练，可以以游戏化的方式来让团队玩一玩儿，看看成员之间的差异。

关键挑战

有些不太敏感的团队成员可能已经记不住自己昨天的感觉了。对于同理心的概念来说，团队成员可能也比较陌生，相互关心和理解，对他们来说已经不再是简单的拿钱办事，工作中也可以有更多情感因素。

魅力指数　　★★★★★

游戏玩家　　敏捷教练和团队成员

适用人数　　不限

游戏时长　　30 分钟

所需物料　　心情五线谱和笔

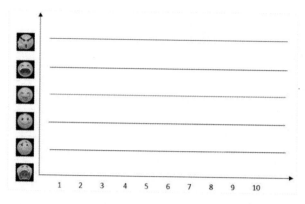

游戏场景　　室内培训

游戏目标

1. 团队成员认识到不同角色在迭代期间的心理变化。

2. 团队成员之间可以更好地相互理解，更有同理心。

游戏规则

1. 团队成员需要在提前准备好的心情五线谱上独立描画自己两周迭代的心理历程。

2. "心情五线谱"上一共有 6 种心情状态，10 天的记录时间点。Y 轴记录心情，X 轴记录时间。

3. 游戏最后，需要把心情点连接起来，变成心情曲线。

4. 游戏不分胜负，真诚倾听与分享即可。

游戏的交互性

团队成员需要单独阐述自己心情曲线的形成原因、波峰如何产生和波谷如何产生，以期获得其他团队成员的认可与共鸣。

可能的变化

游戏的形式可以改变，心情的波动方式也可以变化，只要能引起共鸣就可以，其目的就是希望团队成员间可以更好地互相理解，互相帮助，多站在对方的角度去看问题，所以，敏捷教练可以基于实际场景需求进行适应性改动。

情绪化反应

游戏开始时，全神贯注，认真描画。游戏进行中，分享自己心理历程时的开心与真诚，特别是在阐述时，与其他团队成员产生共鸣。

量化结果

不分输赢，只要能真诚诉说和表达，能与团队成员产生共鸣和相互理解、即为胜利。

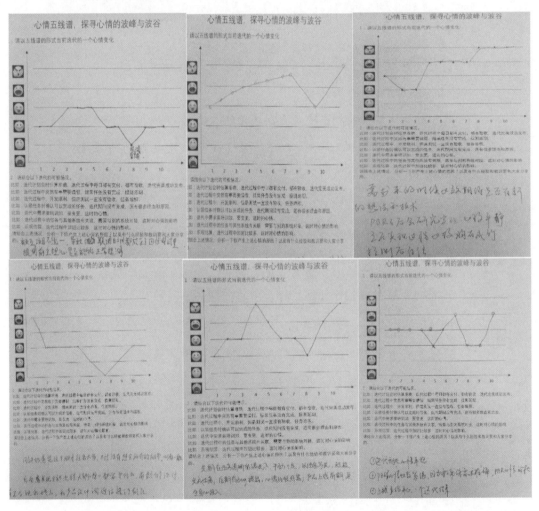

引导问题

请结合以下迭代的可能情况。

- 迭代计划会时估算准确，迭代过程中每日都有交付、都有验收，迭代完美成功发布。

- 迭代过程中突然有事需要请假，结果任务没有完成，提测延期。

- 迭代过程中，开发顺利，但是测试一直没有验收，任务堆积。

- 认领任务时确认可以完成的任务，迭代期间没有完成，还有很多理由和原因。

- 迭代中需求要加，要变更，这时的心情。

- 迭代过程中的任务与其他系统有关联，需要与别的系统对接，这时对心情的影响

- 乐观估算，迭代过程中加班比较多，这时对心情的影响。

1. 请结合上述情况，分析一下产生上述心情的原因？有什么经验和教训要和大家分享？

2. 在心情比较低落时，你是否愿意向团队中的某位成员倾诉？

3. 你觉得在什么情况下需要敏捷教练的帮助和辅导？

经验与教训

研发是一个比较内秀含蓄的群体，也有人说，这群人比较"闷骚"，不太喜欢表达或者说是不愿意用语言表达，更愿意打字，在工作过程中，和身边的同事沟通也不多，似乎认领任务后就开始单干。试想，在一个没有情感、没有沟通、没有理解的团队中，一个团队成员又能存活多久，愿意在这个团队中待多长时间？很多小孩儿，现在随便一个不爽的理由就可以提出离职。对敏捷教练来说，打造一个稳定的团队非常重要，从交付效率、团队成长和公司利益方面都非常重要，所以要想办法让团队成员爽，要想让他们爽，就要营造一个好的

工作环境和人际环境。要想有好的工作环境，成员之间的相互了解和相互理解就必不可少，因此，必须要想方设法此目的。在实践的过程中，敏捷教练要控制好情感投入的深度，稳定团队和服务于团队。

📝 游戏步骤

为了增加互动和帮助读者朋友及时巩固和练习前面介绍的游戏，我们在下文留白，邀请大家参与记下自己的游戏步骤或以视觉化方式来表达游戏实践过程中的关键时刻。

情绪管理，延展团队成员的自组织能力

图解游戏

准备工具

座席卡　问题收集表

规则讲解

游戏名称　　愤怒的我

现实抽象

　　工作与生活中难免受到各种各样外界因素的干扰与刺激,这些外在因素时刻影响着团队成员的情绪。不难发现,某一天的某一个团队成员突然情绪高涨,来到办公室后,和这个那个打招呼,给大家分好吃的。更不难发现,某个团队的某个人来到公司后一言不发,别人一点点的刺激,就会引爆他,像吃了"枪子"一样。这一系列情绪问题,都会影响到团队成员的工作效率,影响到团队成员的稳定性,进而影响到迭代的成功、失败与价值交付。自管理和自组织是我们对敏捷团队的期待。团队内部出现问题后,我们期待团队成员之间可以自己解决。当团队成员间爆发问题时,可以有一个团队成员站出来,乐意当个倾听反馈者,主动当一个倾听的调解者,而不是事不关己高高挂起。建议学会帮助别的团队成员平复情绪,同时帮助自己来平复情绪。作为团队的敏捷教练,可以让团队成员模拟这种平复与被平复之间的角色,接纳同理心,以游戏的形式体验其间的种种细节。

关键挑战

　　这是一个戏剧化的角色扮演模拟,冲突的层级很难把控,冲突点也需要精心策划。在冲突模拟中,笑场的情况会发生,因此现场控制非常重要。对于倾听反馈者来说,要认真倾听,抓住其中的关键点,提供问题与矛盾的突破口,有效平复冲突者、情绪不稳定者、愤怒者的情绪,避免事态的扩大化,这些都是挑战。

魅力指数	★★★★★
游戏玩家	敏捷教练、冲突者和倾听反馈者
适用人数	6 人以上
游戏时长	30 分钟
所需物料	席卡和问题收集量表
游戏场景	室内培训

游戏目标

1. 使团队成员理解并接纳同理心。
2. 延展团队成员自组织与自管理的能力。
3. 促进团队成员间的融合，提升团队凝聚力。

游戏规则

1. 游戏不计分、不分输赢，能够模拟和体会其间的感觉就可以。
2. 本色出演，要有争议点，情绪有明显的起伏变化。
3. 倾听反馈者要耐心倾听，认真疏导，避免武断行为。
4. 游戏过程要有体验，游戏结束要有感悟。

游戏的交互性

冲突者 A 与冲突者 B 之间需要围绕冲突点进行火力大比拼，情绪变化起伏，矛盾争议点突出，双方需要配合起来，演绎的非常真实。倾听反馈者要耐心的倾听，帮助冲突者去平复情绪，让愤怒尽快烟消云散，期间的交互与冲突，争议与配合，需要三者间充分的演绎。

可能的变化

冲突可以模拟和再现，反复无常的情绪也可以模拟和再现，情绪管理可以变成冲突管理，也可以演变成需求沟通，具体的演变形式和模拟内容，敏捷教练可以根据团队实际情况进行定制。其实这种模拟再现非常好玩儿，也是一种释怀，一种缓解与放松。

情绪化反应

在演绎前，大家很坦然淡定，当真正的角色定义完成并开始表演时，他们不淡定了，搞笑时现，本来是严肃的生气却变成了闷笑，正常流利的表达变得磕磕绊绊，一切从自然变得是那么不自然。其实，当团队成员间真正有矛盾时，这种重现也可以缓解当时的不良感觉，起到很好的释怀作用。

量化结果

这个游戏不分输赢，关键在于游戏过程的体验与游戏结束后的感悟，有感悟有提升，就算胜出。

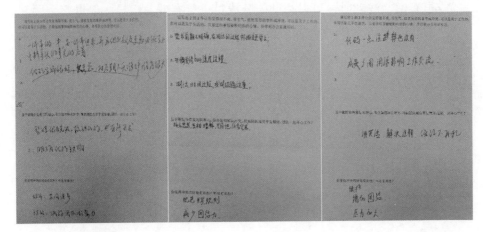

引导问题

1. 请写出两三件让你觉得很不爽、很生气、很想发怒的事件或冲突，可以是关于工作的，也可以是关于生活的，只要影响了心情并带到办公室就可以。

2. 基于敏捷价值观与同理心，你如何解决冲突、帮助团队成员平复情绪并让团队一起开心工作？

3. 你觉得冲突的好处有哪些？坏处有哪些？

经验与教训

大家其实反馈了很多引起情绪变化的因素，比如前面的人写的代码很烂，导致后期维护很难。比如手中的事突然被打断，只做一半就停了，只因另一件事情的优先级更高。比如因能力问题写的代码产生了很多的 Bug，无解。比如团队中有人甩锅。再比如，产品频繁变更需求，已经定好的内容多次被自己推翻，打脸行为时常发生。当然，基于敏捷的价值观与同理心，大家在游戏中也学到了很多。普遍认为，团队成员间要学会换位思考，互相理解，共同把任务完成。团队

内部要形成"靠谱"的开发规范与产品需求变更规范等，在帮助团队成员进行情绪平复方面也是很有感触，禁止小团体，不能火上浇油，不能助长不良现象，学会使用同理心进行思考。要善解人意，当团队成员有情绪波动时，可以帮助团队成员进行有效的疏导，促进整个团队的和谐稳定，培养共进退的意识。

游戏步骤

为了增加互动和帮助读者朋友及时巩固和练习前面介绍的游戏，我们在下文留白，邀请大家参与记下自己的游戏步骤或以视觉化方式来表达游戏实践过程中的关键时刻。

协同困境，感受人多和人变的压力

图解游戏

游戏名称　　一声吼

现实抽象

敏捷开发中要求是小团队、有战斗力，团队人数控制在 3 到 9 人，不能太少，也不能太多。组成团队的队员最好是一专多能的 T 型人才，可以互相帮助，互相补位。整个团队可以完美实现端到端的交付，可以独立实现业务迭代与价值交付，不是特别需要外投。团队拥有授权的估算能力，可以评估工作量，独立完成技术框架，决定一个迭代做多少事情，对结果负责。这些是我们敏捷开发团队的表面感知。

但是，虽然有人说是 3 到 7 人，暂且不论上限是 9 还是 7，那为什么是这个范围？人多会带来什么样的问题？是协作配合的问题吗？是成本的问题吗？是管理的问题吗？是沟通成本的问题吗？还是人多更容易出现木桶原理的短板效应？作为团队的敏捷教练，可能会给团队成员讲很多道理，但如果以游戏化的方式，让团队成员能真切感受到人员变动或人员增加过多给团队带来的直接问题，可能更好。在游戏中，团队成员可以协作，并且，必须好好配合，因为有成败，因为是游戏，所以，对敏捷教练来讲，游戏化是让团队成员感悟与快速感知的最好选择。在团队转型的前期，敏捷教练可以策划这样的游戏，帮助团队组队和定型。

关键挑战

游戏轮次增加，团队人员不断增加，同时替换掉一部分人员，原来的协作关系会被打乱，原来的沟通成本会增加，原来的"用力"会变化，感知时时在变，需要随时调整行为，对团队成员来讲，有些挑战。

魅力指数	★★★★★
游戏玩家	敏捷教练、成员、监督员
适用人数	10 人以上
游戏时长	30 分钟

所需物料　　计时器、轮次规则表

游戏场景　　室内游戏

游戏目标

1. 使团队成员真切感受到人员变动或人员增加给团队带来的直接问题。

2. 活跃团队氛围，帮助团队成员放松神经，使团队更融洽。

游戏规则

1. 把团队分为 A/B 两个小组。

2. 两个小组需遵守共同的游戏指令。

3. A/B 两个小组组员的起始状态是背靠背坐在地上。

4. 听到"开始"指令后才可以起立，听到"开始"指令前，背靠背坐在地上。

5. 第一轮游戏开始时，A/B 两组各派 2 个人参加。

6. 第二轮游戏 A/B 两组各在原有 2 人基础上再加 2 人，此时游戏中每组有 4 人参加游戏。

7. 第三轮游戏 A/B 两组各在原有 4 人基础上再加 1 人，此时游戏中每组有 5 人参加游戏。

8. 第四轮游戏 A/B 两组各在原有 5 人基础上选出最影响战斗力的两个人去对方团队，此时游戏中每组有 5 人参加游戏。

9. 每轮以最快合力完成要求的团队获胜，记录每轮的获胜方。

10. 站起来的标准为，全部组员的屁股离开地面，腿站直。

11. 游戏结束，以获胜次数最多的团队获胜。

12. 失败团队成员的惩罚为"真心话大冒险"。

游戏的交互性

团队成员需要协同发力，彼此支撑，统一口号，在游戏前加强沟通，统一彼此的发力时间，在那个"点儿"上统一。游戏后要回顾反思，共同改进。

可能的变化

坐下站起的游戏规则可以增加难度，比如改成坐下到站起再到坐下再到站起。胜利的判罚标准也可以改，比如站起来时，所有队员的头顶必须触碰到某个部位等。敏捷教练可以根据情况在不同的轮次增加游戏的难度，以更好地进行差异化评比。

情绪化反应

这是一个欢乐的游戏，也是一个关联性很高的游戏，团队成员咬牙发力，共进退，获胜的一方喜笑颜开，失败的一方充满遗憾。尤其是在游戏中的配合阶段，血性迸发，全力取胜。在游戏结束后的回顾总结放松阶段，团队成员欢乐多。

量化结果

这是一个分输赢的游戏，经过三轮比赛，B组获得最后的胜利。

轮次	A组	B组
第一轮	失败	胜利
第二轮	失败	胜利
第三轮	失败	胜利
第四轮	胜利	失败

引导问题

1. 你在游戏过程中遇到过哪些困难？

2. 人数增加与人员变动带给你哪些最直观的感受？

3. 基于游戏过程与结果，联想到敏捷迭代开发，在团队稳定性方面有什么感悟和启发？你觉得现在的团队需要做哪些方面的提升？

经验与教训

游戏结束后，失败一组的团队成员感慨，他们其实可以做得更好，只是在协同发力上出了问题，随着团队人员的增加，背靠背围成的圈子因为发力不均，时间有差异，因而造成一边站起来了，另一边还没有站起来的起伏不均衡状态，影响了最终的成绩。映射到团队的

迭代开发中，涉及到团队内部协同开发的任务，大家一定要保持相同的节奏，一起努力，减少团队成员间的彼此等待，以期待在共同的时间节点，完成共同的事情。在迭代过程中，不一定是人越多越好，有时，人多了，反而更乱，反而有资源闲置和人员偷懒的情况发生。还有，迭代期间的人员变动会造成协作成本增加，彼此配合生疏，也给迭代的成功交付带来了风险，所以，在固定的迭代期间，期待人员是相对固定的，人员间的彼此配合是默契的，减少变动，降低协同困境，这也是团队敏捷教练需要引导团队成员去思考的问题。

游戏步骤

为了增加互动和帮助读者朋友及时巩固和练习前面介绍的游戏，我们在下文留白，邀请大家参与记下自己的游戏步骤或以视觉化方式来表达游戏实践过程中的关键时刻。

团队协作，一张报纸的承载

图解游戏

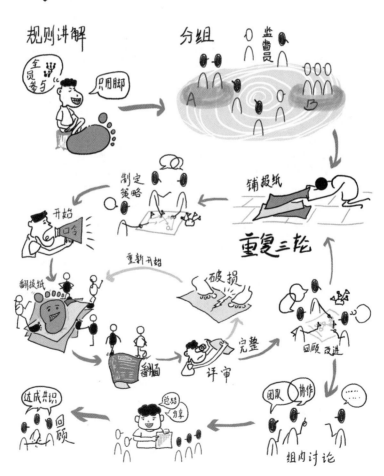

游戏名称　　　翻报纸

现实抽象

我们可以把敏捷团队理解为具备各种人才和拥有各种技能的特种部队。团队成员间紧密协作，为实现共同的目标而"奋力拼杀"。但在实际的研发团队中，我们发现，团队成员内部的能力存在差异。相同的任务，因为团队成员能力和方法的不同，效率差异是很大的，也可能会因为沟通问题而给协作带来不便。因此，我们希望敏捷团队内部成员间可以加强互助，共同成长，遇到问题时一起想办法，有新的技术，可以一起分享。在工作中，形成强大的团队凝聚力。单纯的理论讲解或说教对成年人来讲不太合适，通过游戏化的方式，让团队成员全部参与到游戏中共想、共创、共实现。在游戏中群策群力，为实现最终的游戏目标而一起拼，会非常有意思。作为团队的敏捷教练，我们要帮助团队不断提升团队成员间的协作能力，增强团队的凝聚力。

关键挑战

团队成员在翻报纸时必须用脚翻，并且所有成员的一只脚都必须在报纸上，纸不能破。对团队成员来讲，有一定的难度，特别是在团队人数比较多时。

魅力指数　　　★★★★★
游戏玩家　　　敏捷教练、团队成员和监督员
适用人数　　　8 人以上
游戏时长　　　30 分钟
所需物料　　　报纸
游戏场景　　　室内培训

游戏目标

1. 提升团队成员间的协作能力。
2. 增强团队凝聚力。
3. 活跃团队氛围。

游戏规则

1. 游戏开始时，所有组员的一只脚须踩在报纸上或与报纸有直接

接触。

2. 翻报纸时必须用脚翻，并且所有组员的一只脚必须在报纸上或与报纸有直接接触。

3. 翻报纸时可以换脚，但必须保证所有成员的一只脚必须在报纸上或是与报纸有直接接触。

4. 游戏一共分为三轮，游戏中遵循 SCRUM 3355，每一轮都要进行回顾、总结和改进。

5. 需把团队分为 A/B 两个小组，在最短时间内把报纸翻过来的小组获胜。

6. 游戏过程中，可以给对方小组制造干扰。

7. 翻报纸时报纸不能破损，如有破损，须重新开始。

游戏的交互性

团队成员在游戏的第一轮主要是探索与尝试，团队成员间要学会共享与尝试新方法，要彼此信任，要充分沟通，这样才能最快找到适合团队的方法。在第二轮与第三轮中，主要体现在动作的协调与配合上，越娴熟，耗时越短，胜利的希望越大。

可能的变化

游戏过程中可以加入干扰类"Bug"，比如一些捣乱人员，影响对方翻转的速度，也可以不设置。可以设置时间沙盒，也可以不限时间，直到团队完成翻转。其间的变化主要是对游戏环节的设置，要看敏捷教练的需求和对游戏难易程度的把控。

情绪化反应

这是一个欢乐的游戏，游戏开始前，熙熙攘攘的，在说笑中商议对策。游戏开始后，有说笑，有紧张，也有严肃的指挥和要求。游戏结束后，获胜的一方非常高兴，失败的一方还在苦恼的探索。

量化结果

这是一个分输赢的游戏，经过三轮比赛，B 组获得了最后的胜利。

轮次	A组	B组
第一轮	失败	胜利
第二轮	失败	胜利
第三轮	胜利	失败

引导问题

1. 你对你们小组的表现满意吗？

2. 在游戏过程中，团队协作时，所暴露出来的最大问题是什么？

3. 联想到自己的敏捷迭代开发团队，为提升团队协作能力，你觉得需要做哪些方面的改善？

经验与教训

获胜的一方分享团队获胜的关键，除了团队内部的协作很重要外，翻转的方法也很重要，映射到我们的迭代开发中，在开发过程中也要注意开发方法的选择，面对同样的任务和同样的工作量，不同的人，因为各种不同的原因，效率是不一样的，有高有低，团队内部要加强协同，多分享好的方法，多多尝试，相互帮助，这样才能最好、最快地完成任务。作为团队的敏捷教练，在引导团队完成每一轮次游戏的同时，也要更好地引导团队进行反思与总结，由游戏映射到现实的迭代开发中，由游戏中所发现的问题迁移到迭代开发中常见的问题中来，在映射与互照中看清问题，找到应对方案，从而使团队成员间的合作更加和谐，彼此间的合作更加默契，团队间的协作能力得到更好的提升。

游戏步骤

为了增加互动和帮助读者朋友及时巩固和练习前面介绍的游戏，我们在下文留白，邀请大家参与记下自己的游戏步骤或以视觉化方式来表达游戏实践过程中的关键时刻。

跨团队协作，一座桥连接你我他

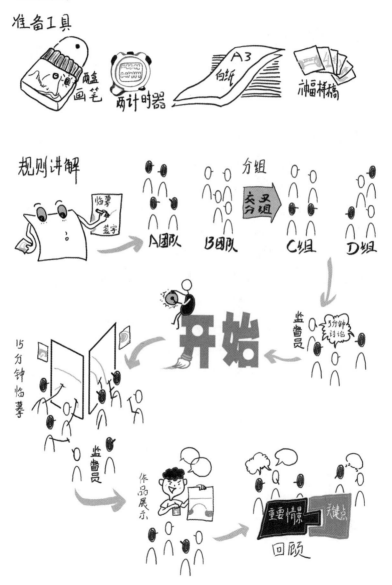

游戏名称　　友谊桥

现实抽象

A 团队的产品与公司诸多的产品都有耦合，A 团队的一次迭代需要依赖于 B 团队的配合，A/B 两个团队需要协同开发、共同努力才能保证整个迭代的成功交付。在整个迭代期间，A/B 两个团队各司其职，保证了迭代的成功交付，但是 A/B 两个团队在整个迭代期间也产生了一些摩擦，并且因为两个团队的成员间也不太熟悉，在沟通上也有些问题，为了解决 A/B 两个团队在迭代协同时出现的问题，让团队成员间更加熟悉，增进团队成员间的感情，同时为以后可能出现的迭代配合打好基础。团队敏捷教练有必要找两个团队的成员一起聊聊，当然不是以非常严肃的谈话方式，而是在相对轻松的氛围中进行自我感悟与反思，让他们发现自己可能有的问题。游戏化就是一种很好的方式，以游戏的方式，让两个团队的成员再次打散融合在一起，期待相关问题的再次暴露或是体现，当问题再次发生时，相信会有更加深刻的触动。

关键挑战

A/B 两个团队成员交叉协同绘画，每一个团队成员都要参与到绘画当中，尽力复原样画，没有绘画功底的话，是有难度的。每一个小组成员都要在画纸上来一笔，都要参与其中，在协作和安排上也会有难度。

魅力指数　　★★★★★

游戏玩家　　敏捷教练、团队成员和监督员

适用人数　　6 人以上

游戏时长　　30 分钟

所需物料

1. 彩色画笔两套。

2. A3 纸四张。

3. 桥梁样稿六幅。

4. 计时器两个。

游戏场景　　室内培训

游戏目标

1. 提升不同团队间团队成员的跨团队协作能力。

2. 增进跨团队成员间的情感。

3. 使团队成员认识到彼此的优点。

游戏规则

1. 必须从样稿中选一幅进行临摹。

2. A/B 两个团队成员需要打散，交叉组队，重新组成 C/D 两个小组。

3. C/D 两个小组不设组长，无领导，对于组内所有问题，都是自组织和自管理，包括样画选择、设计筹划和分工协作等。

4. C/D 两个小组的所有组员都必须参与绘画并在绘画处签名。

5. 这个游戏不分胜负、以协作、共创、分享为主。

游戏的交互性

交叉组队的团队成员需要协同筛选要临摹的样画，需要规划如何临摹，每个团队成员画那一笔，用什么颜色等，期间要频繁沟通与协调。

可能的变化

如果有超过两个以上的团队，这个游戏也是适用的。如果团队人数过多，可以拆分成三个队或更多的队，以便每个团队成员可以投入更多的精力到临摹中。

情绪化反应

这是一个欢乐的游戏，团队成员在游戏过程中全情投入，游戏完成后，团队进行汇报呈现，团队成员成就感满满，非常兴奋，娓娓道来各自的创作历程。

量化结果

这个游戏不分输赢，其目的就是提升团队间的跨团队协作能力，增强跨团队成员间的融合，只要团队成员能有所感悟，有所提升，有所启发，就算胜出。

引导问题

1. 你在团队临摹绘画中有哪些主要贡献？
2. 自组织、自管理对提升跨团队协作能力有哪些帮助？
3. 你觉得把一帮不同的人快速凝聚在一起需要什么"凝聚因子"？

4. 在跨团队协作中，作为团队的一分子，你觉得要如何做才能起到促进作用？

经验与教训

被打散的 A/B 团队形成 C/D 两个新的小组，团队成员间再次紧密配合，共同临摹样画，在协同规划和共同沟通上得到了进一步的锻炼。团队成员在呈现阶段也回顾反思了迭代期间容易出现的问题，也提出了自己的解决方案，团队成员集体承诺，以后要更加重视跨团队合作，做好跨团队沟通与协调，为实现共同的目标而努力。对于团队自己回顾总结的结果，从敏捷教练的角度来讲，还要做进一步的引导，探寻团队的共同使命与价值观，尊重，承诺，勇气，开放，专注，一个都不能少。这些是把不同团队能凝聚到一起的核心，是灵魂。所以，最终的引导点需要引导到价值观层面，做更深层次的剖析。

游戏步骤

为了增加互动和帮助读者朋友及时巩固和练习前面介绍的游戏，我们在下文留白，邀请大家参与记下自己的游戏步骤或以视觉化方式来表达游戏实践过程中的关键时刻。

_____

_____

_____

_____

_____

_____

_____

_____

分享快乐，让快乐在团队成员间流动

图解游戏

准备工具

规则讲解

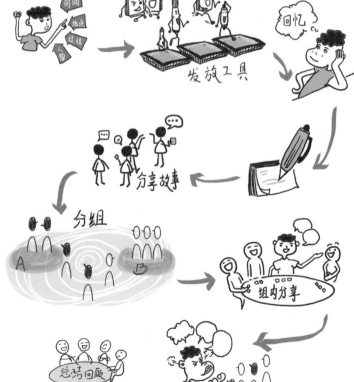

游戏名称　　　叫我开心果

现实抽象

紧张的迭代过后或一个看似不可能完成的任务完成后，团队成员内心所承受的压力也是巨大的。时间紧，任务重，特别是限定死了上线发布时间，并连带绩效考核的情况下，必须完成还不能出错，再加上有可能面临的新技术风险，多方的外在干扰因素，这一切的一切，都会在一定时间盒内，给研发人员带来巨大的压力。人有了压力，就容易紧绷着脸，神情凝滞，时间一长就变得呆滞，是那种麻木的呆呆。加上很多开发工程师都是男生，不太善于表达，什么事情都容易积压在内心深处，不容易释放出来，这样，几个迭代下来，感觉整个人就废了。团队成员状态的下滑直接影响到团队的战斗力和团队士气，整个团队变得死气沉沉，毫无朝气与活力，交付物的品质也会受到连带影响，原来不可能出现的失误性 Bug 变得满天飞。进而影响团队的凝聚力，以现在团队成员的年龄个性情况，一言不合就甩手不干闹离职，所以要更加注意。作为团队的敏捷教练，在这样紧张的迭代过后，更应该深知苦中作乐的道理，在紧张的迭代夹缝中，找到仅存的那些快乐并分享出来，让心灵得到短暂的放松，去找到真我。

关键挑战

绝望中有可能会忘记自己什么时间快乐过，"苦逼"的单身狗找乐子更是难以启齿。众里寻他千百度，真正能找到乐子并愿意分享出来其实是比较难的，在心理上需要挣扎一下，在表达上需要斟酌一下。对敏捷教练来讲，在环境的私密性营造与氛围塑造方面，也面临着挑战。

魅力指数　　　★★★★★
游戏玩家　　　敏捷教练和团队成员
适用人数　　　不限
游戏时长　　　30 分钟
所需物料　　　笔和便利贴
游戏场景　　　室内培训

游戏目标

1. 分享快乐，让快乐的感觉在团队成员间传染。
2. 缓解迭代过程的紧张和压抑，在精神层面充充电。
3. 增进团队成员间的了解，提升团队凝聚力。

游戏规则

1. 乐事或囧事要包含发生的时间、地点、大致过程以及有无当事人在场等要素。
2. 组内单人分享的时间限定为 3 分钟。
3. 每组选派一人进行代表性分享。
4. 游戏不分输赢，以缓解放松为主。

游戏的交互性

这个游戏主要是队员之间的交流与分享，彼此引导着对方的情绪变化，互相感染，从感染彼此开始，到感染整个团队，快乐氛围不断传递，促使整个团队情绪的良性发展。

可能的变化

分享事儿可以传递开心，也可以变成分享迭代中的感人瞬间，说说自己想感谢的人，受到了谁的帮助。也可以变成吐槽大会，单纯的，没有任何针对性的狂吐，一吐为快，关起门来，出门不认账，只是单纯的发泄。引导式的语言沟通可以结合目的进行针对性的设计，教练可以结合自己情况进行适应性调整。

情绪化反应

游戏刚开始，团队成员显得比较拘谨，放不开，当一个事儿被分享后，情绪逐渐被点燃，氛围整体变得活跃起来。呆呆的人，在游戏的最后可能也会被逗乐。游戏中，团队里面那个最"逗逼"的人永远是关注的笑点。

量化结果

这个游戏不分输赢，其目的就是放松，只要团队成员能笑一笑，能在紧张的迭代后有一点缓解，就实现了游戏的目的。

引导问题

1. 你感觉把自己的快乐传递给别人了吗？

2. 别人的快乐感染到你了吗？

3. 有没有笑，得到了短暂的放松？

4. 对比工作中的种种压力，结合游戏过程中短暂的欢笑，你有什么感悟？

经验与教训

研发人员都是一群非常单纯的人，以同学相称，少有心机。可能是与机器打交道的时间比较长，耿直的人居多，开心了就干，不开心了就直接怼。因此，研发人员也容易被外因干扰、容易被情绪影响且容易被琐事点燃。当然，这也是一群闷骚的人，大多数的笑料来自段子，这些，也是团队欢乐的一部分因子。还有就是团队的小仓库中零食不可少，下午累时吃一点，分享一下，也很开心。研发人员也是一群非常自恋的人，有强迫症，有些人会说"我的优点就是没有缺点，我的缺点就是优点太多"，你说自恋不？所以，对敏捷教练来讲，在引导时也可以不用太正式，不用太"正经"。太"正经"的敏捷教练反而不容易与团队打成一片，也可能会显得不搭调，所以，这个引导需要非常贴合团队的实情，敏捷教练要把握好这个度。当然，关键是放松，所以适合团队就好。

游戏步骤

为了增加互动和帮助读者朋友及时巩固和练习前面介绍的游戏，我们在下文留白，邀请大家参与记下自己的游戏步骤或以视觉化方式来表达游戏实践过程中的关键时刻。

正能量，幸福满满的赞

图解游戏

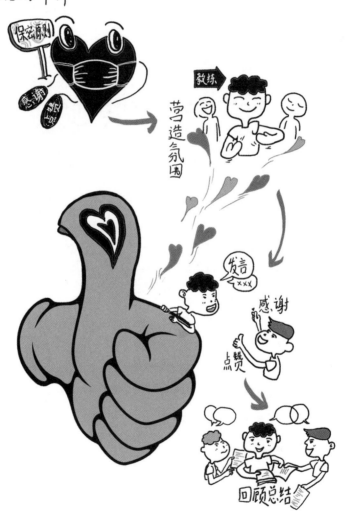

游戏名称　　　大拇指

现实抽象

回顾会不能都是批评，或者说回顾会不应该是批斗会，敏捷教练作为服务角色，也没有授权可以批评团队成员。感化，辅导，教育，引导，潜移默化的感染，都不错，围绕一个让团队持续提升的目标，采取柔和、柔性的措施，是敏捷教练最应该做的。团队成员之间，每个迭代中只有紧密配合，才能促成迭代的成功，如果只管自己，不管别人，迭代一定玩完。如果只是抱怨，不知道感恩，人际关系一定紧张，后面的迭代也有可能玩完。如果迭代成功了，我们是不是应该感谢一下身边的小伙伴，是他们的帮助和配合，是大家一起努力，迭代才取得了成功。如果不是他们，单靠一个人，是没有办法撑起整个迭代的。团队成员之间要学会感恩，每个团队成员都应该有一颗感恩之心，最起码要学会感谢，感谢身边他和她的配合，才能一起取得成功，一起顺利交付。不会感恩与感谢的人，终将成为一个"孤独"的人，因此，作为团队的敏捷教练，在迭代的某个环节，可以引导团队成员以游戏化的方式进行彼此间的感恩、感谢和点赞，可以有效增进团队成员间的感情，促进团队成员间的融合。

关键挑战

新团队成员之间可能比较陌生，不太了解彼此，成员之间也比较害羞，不善于表达感谢。因此，对研发同学表达能力的突破和感情的外露，还是比较有挑战的。需要营造一个相对轻松的氛围，有一个自由、私密的表达环境，让大家可以释怀。

魅力指数　　　★★★★★
游戏玩家　　　敏捷教练和团队成员
适用人数　　　不限
游戏时长　　　30 分钟
所需物料　　　无
游戏场景　　　室内培训

游戏目标

1. 增进团队成员间的感情，促进团队成员间的融合。
2. 提升团队协作效率。
3. 帮助团队营造积极、充满正能量的团队氛围。

游戏规则

1. 所有话题只能留在会议室，不能带出会议室。
2. 所有团队成员都要参与感谢和点赞，至少 1 人。
3. 除了点赞，也可以说说对彼此的期待。

游戏的交互性

每个团队成员需要找到在本次迭代中最想感谢、最想点赞的人并说出自己的真心话和感谢语，他如何帮助了自己，会有不好意思，会有谦虚，会有感动。有表达感谢的，有反馈"不客气"的，在融洽的氛围中倾心交流。

可能的变化

如果团队成员大部分性格比较外向，可以直接说，如果团队成员大部分比较内向，可以准备一些便利贴或 A4 纸，让大家先写出来，有准备后再说，以免轮到自己时不好意思说。

情绪化反应

游戏开始后，听到诉说人的真诚感谢和点赞，被点赞的人有些会低下头，非常谦虚，有的会笑着听，氛围融洽，情绪开心。

量化结果

不分输赢，只要能认识到自己的成功离不开团队成员，学会感谢就达到了游戏的目的。

引导问题

1. 在帮助队员后，你获得了正能量的反馈，觉得满足吗？

2. 每个人的成长道路上都希望有个引路人，你觉得要成为引路人，需要具备什么样的素质？

3. 获得点赞最多的人是不是团队的 Leader? 你觉得原因是什么？

经验与教训

从这个游戏的时机来讲，可以放在一个迭代成功的回顾会上，这时团队成员的成就感比较强，内心相对积极乐观，充满希望。从游戏氛围的营造上来讲，需要在一个相对封闭的私密空间内，参与游戏的人是团队内部成员，尽力不要有外部人员，不要让团队成员觉得紧张。从游戏的时长来说，每个人的发言可以控制在 1 到 3 分钟，不过不建议敏捷教练打断团队成员的发言，以引导和自由表达为主，敏捷教练尽量隐藏自己，不要表达自己的观点。从游戏的结果与期待来说，要引导团队成员进行总结与表达，表达大家对自己的期待，对团队的期待、对迭代的期待以及自己可以为这种期待付出什么和承诺什么，其实这也是一种回顾与改进，可以有效帮助团队在心灵层面得到提升。

📝 游戏步骤

为了增加互动和帮助读者朋友及时巩固和练习前面介绍的游戏，我们在下文留白，邀请大家参与记下自己的游戏步骤或以视觉化方式来表达游戏实践过程中的关键时刻。

_____

_____

_____

_____

_____

_____

放松自我，忙里偷闲搞对抗

图解游戏

规则讲解

右手比赛

身碰不桌

肘碰桌

时间结束，以○○扳向自为胜

左手握拳置于后

分组

A B

开始比赛

三局两胜

公布结果

两队成绩

回顾总结

游戏名称　　力量选手

现实抽象

我们可以把开发人员的大脑比喻成金钱、使命、责任与压力驱动下持续运行的人脑 CPU，开发人员属于重度脑力劳动者，大脑异常疲惫，多数人长期处于亚健康状态。他们长期坐立，为了家庭、为了钱和为了任务等等，不惜 996，更有 007 的情况出现。大部分人是拿时间与自由换金钱，这样就带来了颈椎病、肥胖、肾结石和腰间盘突出等一系列常见病症。我们知道，健康是无数个 0 前面的那个 1，如果没有 1，再多的 0 也将变得毫无意义，但很多开发人员却不以为然，宁愿垒千行代码，也不愿跑上一圈，这是意识层面的问题。当然，持续性的紧张迭代，也有可能让开发人员没有多余的时间锻炼身体，压垮开发人员的身体。从敏捷教练的视角来说，可以从回顾会或团队迭代期间的短暂休息时间切入，比如下班前后的短短几分钟，此时可以融入一些游戏化的锻炼项目。首要的目标是让团队在紧张的迭代过程中或迭代后有一个短暂的放松，对锻炼的重要性有一个启迪的作用，再有就是促进团队成员间的融合。所以，比一比，练一练，出出汗，交交心，很有用，很有必要。作为团队的敏捷教练，可以在合适的时间，加入合适的小比赛，乐一乐。

关键挑战

需要制定组间人员对抗策略，毕竟是腕力大比拼，对于不太锻炼身体的开发人员来说，对手实力未知。对敏捷教练来讲，如何激发他们的参与感，调动他们的积极性，也是一个挑战。

魅力指数　　★★★★★

游戏玩家　　敏捷教练和团队成员

适用人数　　4 人以上

游戏时长　　30 分钟

所需物料　　办公桌、椅子和计时器

游戏场景　　室内培训

游戏目标

1. 使团队成员在迭代过程中或迭代后进行一次简单的放松。

2. 激励大家在工作之余加强锻炼，注意健康。

3. 促进团队磨合，让大家在公司找到归属感，更高效地进行协作配合。

游戏规则

1. 参赛队员必须用右手进行比赛。

2. 比赛时，两位队员分别坐在桌子两侧，相对而坐。

3. 比赛时，双方必须同时将右手放到比赛指定位置，左手握拳置于背后，其余部位不得与台面接触，不得借助于外力。

4. 双方选手用手腕进行比赛。

5. 敏捷教练的口令为"预备、开始！"

6. 在听到"开始"后才能发力，谁先把对方的手掰倒，手背必须碰到桌面即为获胜。

7. 在比赛过程中，双方选手双脚不能移动，每个人的肘部不能脱离桌面，身体不能来回剧烈晃动。

8. 比赛采用 3 局 2 胜制，每局比赛 1 分钟，每局中间休息 1 分钟。

9. 在相持情况下，每局时间终止时，以扳向己方者胜。

10. 把团队分为 A/B 两个小组。A/B 两个小组分别选出 3 名队员参加扳手腕比赛，每轮比赛可以换人，也可以选择不换人，同一人最多参与两轮比赛。

游戏的交互性

小组内部需要进行充分的交流，在对抗比赛中，需要采用适当的比赛策略，既要猜测对方可以选派的人，也要选派自己认为可以获胜的人，需要小组成员进行缜密的思考和对比部署，期间的深度沟通必不可少。

可能的变化

运动只是其中一种放松形式，也可以喝茶聊天，也可以是打牌吹牛，形式可以选择。还有就是运动的项目也可以更加多元化，节奏可以更紧张，也可以从室内迁移到室外，敏捷教练可以有多种的选择。

情绪化反应

游戏刚开始，还是有一些害羞的，有点不好意思，觉得自己的实力不行。游戏开始后，兴奋起来，跃跃欲试，围观的人也多起来，笑容满面，加上出了汗，开心了许多。

量化结果

这是一个欢乐但也分输赢的游戏，游戏结果为 A 组取得最后的胜利。

轮次	A 组	B 组
第一轮	胜利	失败
第二轮	胜利	失败
第三轮	失败	胜利

引导问题

1. 开心吗？荷尔蒙得到释放了吗？

2. 有没有得到短暂的放松？

3. 你是赢家还是输家？在增强体质方面有什么新的打算？

经验与教训

对于敏捷教练来讲，游戏要始终围绕其目标与使用场景进行策划，不在于品位，不在于调性，在意的始终是团队。教练不仅要指导方法，让团队去实践，也要带着团队一起实践，教练不仅是告诉团队要融洽，要开心，教练更需要带着团队用简单有效的方法让团队开心，让团队在紧张之余有些许放松，让懵懵的大脑稍微空一下，让无法释放的压抑稍微舒缓一下，让这群单纯的人有一点点爽，我想这也是我们作为团队的敏捷教练需要考虑的一部分。要知道，我们始终是一个服务者，不是领导，也不想成为领导。作为团队的敏捷教练，我们要摆正心态，不高高在上，要融入团队。掰手腕虽然是一个简单的小游戏，小比赛，但有对抗，有亮点，有欢乐，从游戏的过程与结果来讲，完美服务于放松的主题要求，在引入团队时，规则可以全部照搬，具体的时间可以灵活调整。整个比赛的时长或轮次建议不要太长、太多，一轮也行，两轮也行，不要太多，否则，惊艳的效果出不来。

📝 **游戏步骤**

为了增加互动和帮助读者朋友及时巩固和练习前面介绍的游戏，我们在下文留白，邀请大家参与记下自己的游戏步骤或以视觉化方式来表达游戏实践过程中的关键时刻。

流程不畅，探寻堵塞的"血栓"

图解游戏

准备工具

呼啦圈12个

规则讲解

T1　95cm 95cm 95cm 95cm 95cm

T2　95cm 75cm 60cm 50cm 45cm 95cm

分组

A　B

换人

组内讨论

总结分享

总结回顾

游戏名称　　通则不痛

现实抽象

已转型的敏捷团队，可以执行标准的 Scrum 框架流程，团队中既定的角色可以按照流程来做事，每一个环节都做好了，最终的交付也就成功了。在整个流程中，影响成功交付的因素有很多，每一个问题都像堵塞流程的"血栓"。比如，因为需求变更增加了额外的开发工作量，但没有调整任务优先级，造成迭代失败。比如，因为人员在迭代中的突然缺失造成迭代失败。再比如，因为估算有问题，比如因为害怕失败不敢领取更多的任务，团队成员的单产下降，研发效能降低。如何让团队找到"血栓"并意识到"血栓"的严重性及消除"血栓"的必要性，对于敏捷教练来讲，非常重要。我们发现，不同公司，甚至不同团队或同一团队的不同迭代，见到的"血栓"都不一样。但是，作为团队中的一员，我们要先认识到"血栓"的问题，然后在敏捷教练的帮助下解决问题，或是通过自我的提升，可以实现独立解决问题的能力，但关键的关键是要学会发现问题，不能对迭代中的问题视而不见，要有预警意识、风险及问题识别能力，发现问题，主动出击，积极解决，消除"血栓"。作为团队的敏捷教练，有必要以游戏化的方式使团队成员意识到"血栓"带来的问题。

关键挑战

简洁高效的流程非常重要，团队的磨合协作也很重要，环环相扣，紧密协作，才能保证流程的完美高效落地。呼啦圈，动脑又动身，优化的流程必然会提升效率，配合默契也会提升效率，如何在有限的时间内进行取舍，如何优胜劣汰，会变得非常重要，对团队成员来说，这种"取舍"，这种优化，就是挑战。

魅力指数　　★★★★★
游戏玩家　　敏捷教练和团队成员
适用人数　　8 人以上
游戏时长　　30 分钟

所需物料　　45CM 呼啦圈 1 个、50CM 呼啦圈 1 个、60CM 呼啦圈 1 个、75CM 呼啦圈 1 个、95CM 呼啦圈 6 个。

游戏场景　　室内培训

游戏目标

1. 使团队认知到流程顺畅与效率的正相关关系。

2. 培养团队成员发现"血栓"的能力。

3. 提升团队成员自组织、自管理和自己疏通"血栓"的能力。

4. 培养团队敢于说不，敢于取舍的能力。

游戏规则

1. 一个团队成员在穿越呼啦圈时，其他团队成员需手持呼啦圈站成一排。

2. 游戏设有两个呼啦圈通道 T1 和 T2。

3. 第一个呼啦圈通道(T1)由 6 个 95CM 的呼啦圈组成，排成一排。

4. 第二个呼啦圈通道(T2)由 45CM 呼啦圈 1 个、50CM 呼啦圈 1 个、60CM 呼啦圈 1 个、75CM 呼啦圈 1 个、95CM 呼啦圈 2 个共同组成。

5. 第二个呼啦圈通道(T2)中呼啦圈的排列顺序为 95CM→75CM→60CM→50CM→45CM→95CM。

6. 游戏分为三个轮次，每个轮次各由两名队员分别穿越第一个通道(T1)和第二个通道(T2)。

7. 游戏不分输赢，关键在于体验与感悟。

游戏的交互性

游戏过程中，队员之间的交流比较的少，更多的是与物理装备之间的磨合以及通过观察，与邻近通道队员的对比。在游戏后的感悟阶段，则是彼此间的交流与沟通，主要是基于对通道的感受。

可能的变化

游戏通道的组成是可以变化的，有时，团队的人数达不到要求，所以，中间的 6 个呼啦圈可变成 4 个或更少，关键在于体验。还有就是游戏的规则可以变，可以变成分输赢的竞技比赛，这样趣味性更强，过程更激烈。

情绪化反应

这是一个欢乐的游戏，笑点可能在于穿越呼啦圈的过程中，但这非穿越人的欢乐。对于穿越人来讲，其最大的情绪变化来自于穿越不同通道所带来的体验不同，因自己感受所产生的情绪化反应。

量化结果

这个游戏不分输赢，关键在于体验，一个人分别体验两种不同的通道，完全不一样的感受，这种对堵塞"血栓"的感受以及产生想要解决"血栓"的冲动，就达到了游戏的目的，对团队成员来，对教练来讲，就是胜利。

引导问题

1. 两个通道分别带给你怎样的体验？
2. 你是如何定义"血栓"阻塞点的？
3. 通过游戏，你对流程和协作有什么更加深刻的认识？

经验与教训

这个游戏的关键点就在于体验、感受到因呼啦圈尺寸变化给穿越所带来的困难的增加。我们可以把 T1 通道理解为正常的工作流程、业务流程和衔接流程，每个手持呼啦圈的人就是一个环节，我们把 95CM 的尺寸理解为正常的尺寸，是标准的交付物，是正常的衔接流程，是高品质的交付物质量。把 T2 通道中 45CM 的呼啦圈比喻为出了严重问题的环节，已经影响到流程的正常流转，影响到整个团队进程，是团队其他环节正常交付的障碍。呼啦圈只是一个形象的比喻，是暗示与代表，在游戏的过程中，敏捷教练并不提醒团队成员这代表什么，只是让团队成员感受，找到"血栓"。而在游戏后的引导阶

段，才慢慢引导到敏捷迭代开发中，引导到开发中的各个环节和各个角色。具体的感悟和引申意义的迁移，还在于团队成员的个人感悟，由游戏中的血栓联想到工作中的"血栓"，自己是不是那个"血栓"，自己如果真成了"血栓"，要如何把自己"干掉"，摘掉"血栓"的帽子，自我惊醒，自我剖析，自己解决。作为团队的敏捷教练，在引导的环节上，要注意，不能过度引导而说出本来想让团队成员主动说出的话。

游戏步骤

为了增加互动和帮助读者朋友及时巩固和练习前面介绍的游戏，我们在下文留白，邀请大家参与记下自己的游戏步骤或以视觉化方式来表达游戏实践过程中的关键时刻。

_____

_____

_____

_____

_____

_____

_____

_____

_____

_____

_____

_____

_____

_____

_____

_____

_____

_____

同理心，运营研发共探讨

图解游戏

游戏名称　　一家亲

现实抽象

一个软件产品的成功，除了依赖于软件本身，也很依赖于软件所承载的业务的运营，或者说，整个业务体系的成功，运营占的比重更大，比如两款功能一样的电子商务软件或是打车软件，一家运营的好，就可能成功，一家运营不好，就可能很快死掉。

研发人员需要做最有价值的事情，开发出最有价值的产品，而我们的运营人员需要提升产品的附加值，通过出色的运营，让我们的产品更好地发挥自身的价值，从而提升业务，创造更大的价值。

运营人员在实际的运营过程当中会遇到各种各样的实际问题，这些问题期待研发人员通过技术来进行有效的解决，从而促进运营效率的提升。研发人员如果不能理解这些需求的重要性与紧迫性，不知道实现这些需求会带来多大的价值，提升多少用户体验，那么，在需求要求和需求实现上就有可能产生矛盾，研发人员可能会抱怨运营人员事儿太多，天天要求一些无厘头的功能，认为很多功能增加了研发人员的工作量，根本没有用。

如何增强团队开发人员与业务运营人员之间的相互理解，大家都有同理心，更好地理解彼此的工作，能更好地做到相互体谅，相互支持，一起实现公司整个业务体系的成功，就变得非常重要。因此，作为团队的敏捷教练，有必要以游戏化、工作坊的形式让研发与运营一起"玩一玩儿"。

关键挑战

研发人员与运营人员需要换位思考，站在对方的立场和工作场景中去想问题和看问题，因为自身工作特点和业务思考逻辑的差异而很有可能不容易理解彼此。

魅力指数　　★★★★
游戏玩家　　敏捷教练、研发团队成员和运营人员
适用人数　　不限
游戏时长　　60分钟

所需物料　　A1 白板纸、便利贴、笔、计时器、A4 白纸、胶棒和美工胶

游戏场景　　室内培训

游戏目标

1. 增强开发人员与运营人员之间的相互理解，促进团队融合。

2. 提升研发团队的业务支撑思考能力。

游戏规则

1. 禁止批评和评论，也不要自谦。对别人提出的任何想法都不能批判，不得阻拦。即使自己认为是幼稚的、错误的，甚至是荒诞离奇的设想，也不得予以驳斥。

2. 提倡自由发言，畅所欲言，"放飞"思考。

3. 引申联想，鼓励巧妙地利用和改善他人的设想，受别人的设想启发形成新想法。

4. 目标集中，追求设想数量，越多越好，不要纠结于提出的设想的质量。

5. 团队成员一律平等，各种设想全部记录在便利贴上。

6. 把团队所有成员的想法进行归类，分成 3 到 7 类。

7. 团队代表在呈现时，尽力呈现可以执行的行动计划。

游戏的交互性

运营人员需要先阐述运营过程中经常遇到的问题以及这些问题解决后给公司带来的价值及期待。研发人员需要阐述面对这样的问题时他们是如何思考的以及他们的价值判断标准是什么以及他们判断是否必要和是否想做的标准？双方诚恳交流，达成彼此一致的价值评判接受标准。

可能的变化

公司内部除了研发团队，还有运营团队、市场团队和客服团队等等，在研发团队内部，因为分工不一样，也分为产品、设计、开发、测试和运维，有时还有架构和数据库管理等不同的角色分工。每一个工种之间都有自己的特性和价值评判标准，角色与角色之间，就如系统与系统之间，对接需要接口，角色与角色之间对接的接口又是什么？都值得去发现和规范统一，以便达成更好更统一的理解与判断，敏捷教练在实战中，可以策划不同角色间的同理心练习。

情绪化反应

"哦哦哦，原来你们是这么想的"，这是最常见的情绪化反应。一次坦诚开放的交流，会发现彼此在看待同一件事情上彼此理解标准不同所带来的差异。

量化结果

游戏不分输赢，达成相对一致的理解标准即为胜利。

引导问题

1. 你原来以为对方在做什么？他们经常想的是什么？

2. 游戏过后，你对对方哪些方面有了更多的理解？

3. 游戏过后，你对同理心的理解是什么？

4. 在以后的工作过程中，在以后的跨团队合作过程中，你有什么打算？

经验与教训

游戏环境的沉浸感非常重要，彼此平等的对话权利也非常重要，在实战中角色不一定可以互换，但开发人员在某个特殊的阶段是可以进入一线运营现场进行实战体验的，在这次活动后，如果能配合一场线下实际体验，游戏所达到的效果可能会更好。比如，让运营人员参与一下团队的产品待办事项梳理与迭代计划会，知道开发人员是如何进行需求梳理与任务拆解的。也可以让运营人员参与到每日站会中，体验一下任务是如何跟进和完成的。更可以让运营人员参与到验收标准的制定和测试中，体会到研发团队的执着与认真。研发人员也可以跟随运营人员去现场，体验运营人员的痛点，看看他们是如何处理日常紧急情况的，看看他们在实际的运营过程中最需要哪些支持以及他们遇到的困难是否是自己坐在办公室里可以体验到的。这个游戏最大的经验与教训就是理论探讨与实践现场体验的有效结合，让游戏的价值最大化。

游戏步骤

为了增加互动和帮助读者朋友及时巩固和练习前面介绍的游戏，我们在下文留白，邀请大家参与记下自己的游戏步骤或以视觉化方式来表达游戏实践过程中的关键时刻。

恐怖"等"，消除等待浪费，提升责任意识

图解游戏

准备工具
剪刀
表格

规则讲解

分组

A　B

剪裁

抽取三张纸片

迭代流程

计算成本

教练记录结果

浪费　搬　成本

组内讨论

达成共识

总结发言

总结回顾

游戏名称　　滴血的浪费

现实抽象

在日常软件开发工作中，通常会因为产品开发一些额外的特性、增加了一些额外的步骤和开发中产生一些缺陷而造成浪费。当然，还有一个最常见的"等待浪费"，也是最无形、最可怕的浪费。其实，在真实的软件开发过程中，存在着大量的等待浪费。主要表现在几方面，如交互设计师等产品负责人的需求、视觉设计师等交互设计师的交互稿、软件开发人员等视觉设计师的设计稿来估算任务，测试人员等软件开发人员开发的功能进行测试，业务方等测试人员测试完成后产品可以发布上线，同时，团队中的成员还在每日每时的沟通中等待彼此的回复。这些"等待"是真实的，在工作中是大量存在。分析其原因，可以归结为项目管理人员协调问题，项目管理流程问题，或是团队成员缺乏责任心和主动精神，不愿意承担责任，或者是因为不守时、缺乏准备、计划突然改变、过于纠缠细节及开发过程中那些无谓的争论等原因造成。敏捷开发过程中，各个迭代衔接紧密，强调及时反馈，持续交付，只有保证流程的每个环节都运行正常，才能保证迭代目标的持续、高效实现，任何等待都会拉高软件交付的成本，拉低其创造的价值。因此，减少迭代过程中的等待浪费，非常重要。所以，作为团队的敏捷教练，有必要提升团队成员的责任意识与主动精神，意识到等待浪费的严重性，努力守时，有契约精神。游戏化是一种很好的方式，可以方便、直观、快捷和量化地模拟等待造成的浪费。

关键挑战

团队中的成员，原来可能认为自己只是一个独立的个体，从流程角度来讲，不了解全流程，从角色分工与衔接来讲，只想管好自己的"一亩三分地"，大家原来可能知道等待和"拖拉"会造成浪费，但没有意识到会造成如此巨大的浪费，对团队成员来讲，这是一个全新认知的阶段。

魅力指数	★★★★★
游戏玩家	敏捷教练和团队成员
适用人数	不限
游戏时长	40分钟
所需物料	等待成本计算表、带值卡表

等待成本计算表

等待成本计算表

迭代	需求沟通与整理			交互与视觉设计			开发			测试			发布			会议			耗时总计			团队人数	正常成本	加速返扣成本	等待成本	总成本
	正常耗时	加速耗时	等待耗时	正常耗时	加速耗时	等待耗时	正常耗时	加速耗时	等待耗时	正常耗时	加速耗时	等待耗时	正常耗时	加速耗时	等待耗时	正常耗时	加速耗时	等待耗时	正常耗时	加速耗时	等待耗时					
1																										
2																										
3																										
4																										
5																										
总计																										

注释：、时间单位为分钟，每多耗时一分钟，产品成本增加2元/人，总成本=正常成本+等待成本+加速成本，正常成本=正常耗时*0.01*团队人数，等待成本=等待耗时*0.01*团队人数，加速成本=加速耗时*0.01*团队人数

带值卡表

带值卡表

迭代	需求沟通与整理			交互与视觉设计			开发			测试			发布			会议		
	正常耗时	加速时间	等待耗时	正常耗时	加速时间	等待耗时	正常耗时	加速时间	等待耗时	正常耗时	加速时间	等待耗时	正常耗时	加速时间	等待耗时	正常耗时	加速时间	等待耗时
1	1440	0	0	960	0	0	3120	0	0	1440	0	0	60	0	0	230	0	0
2	1440	0	0	960	0	交互增加需求,耗时增加480	3120	0	开发人员离职,耗时增加720	1440	0	0	60	0	0	230	0	0
3	1440	需求不清,反复确认,耗时增加500	0	960	0	视觉返工重做,通知未知回,耗时增加300	3120	0	开发需重新开发,耗时增加300	1440	0	测试环境出问题,耗时加480	60	0	发布回退,反复修复问题,耗时增加200	230	0	会议拖拉,效率不高,耗时增加80
4	1440	0	0	960	0	0	3120	0	开发采用新技术,耗时增加240	1440	0	采用自动化测试与新的测试策略,提升240	60	0	0	230	0	0
5	1440	需求反馈及时准确稳定,提升500	0	960	0	0	3120	0	0	1440	0	修复发布环境问题,发布效率提升40	60	0	0	230	0	0

游戏场景　　室内培训

游戏目标

1. 使团队成员意识到等待浪费的严重性。

2. 提升团队成员的责任意识、主动精神和契约精神。

游戏规则

1. 软件的交付需要符合游戏中设计的既定环节。需求沟通与整理→交互设计与视觉设计→开发→测试→发布→会议几个环节。

2. 游戏一共分为 5 个迭代，每个迭代的带值卡表中随机分布有等待卡和加速卡，包含在既定的 6 个环节中。在游戏开始前，敏捷教练可以把游戏中提供的带值卡表提前剪好，按迭代的轮次盖在桌面上，每个团队并不知道在特定的环节会多等待多长时间或少等待多长时间。

3. 游戏开始后，每一次迭代开始，A/B 两个小组的队员需要分别从剪好的带值卡表随机抽取 3 张。对应好环节，放入自己的真实迭代中参与计算。

4. 第 1 次迭代中无等待卡。

5. 第 2 次迭代中有 2 张等待卡，代表偶现情况。

6. 第 3 次迭代中，有 6 张等待卡，代表极端情况。

7. 第 4 次迭代中，有 1 张等待卡，1 张加速卡，代表偶现情况。

8. 第 5 次迭代中，有 2 张加速卡，代表超预期情况。

9. 如果抽到的是等待卡，需按等待卡上的时间增加相应的等待时间。

10. 如果抽到的是加速卡，需按加速卡上的时间减少相应的等待时间。

11. 时间单位为分钟，每多增加 1 分钟，产品成本增加 2 元/人。如一个团队 10 人，等待 1 分钟，团队生产出的产品成本增加 200 元/分钟。每减少 1 分钟，产品成本减少 2 元/人。

12. 总成本=正常成本+等待成本−加速成本。

13. 正常成本=正常耗时*2*团队人数。

14. 等待成本=等待耗时*2*团队人数。

15. 加速成本=加速时间*2*团队人数

16. 同样进行 5 轮迭代，以总生产成本最低的团队获得胜利。

17. 游戏结束后，需基于成本核算结果进行回顾总结分析，最好可以结合项目实际情况进行讨论。

游戏的交互性

团队成员间的交互在于想尽办法尽力避免发生等待情况，避免拿到等待卡，尽力可以拿到加速卡。团队成员需要基于卡片分值进行精确计算，分工协作。

可能的变化

等待卡上的时间和每等待 1 分钟的成本，敏捷教练可以基于自己所辅导项目的实际情况，进行量化调整。游戏的步骤，还有加入等待卡或加速卡的数量也可以进行灵活的调整，卡片除了可以用来阐释等待造成的严重浪费，也可以用来告诉团队价值交付的重要性。

情绪化反应

游戏开始前，团队成员有点迷茫，可能是因为游戏规则有些复杂，游戏过程中，抽取卡片时有些紧张，特别是抽到等待卡时，有点失望，对应的，加速卡是兴奋的，在产品成本计算时，非常认真，表情凝重。

量化结果

迭代	A 组成本(6 人)	B 组成本(6 人)
第 1 次迭代	87000	87000
第 2 次迭代	84120	87000
第 3 次迭代	98760	97560
第 4 次迭代	87000	87000
第 5 次迭代	81000	86520

 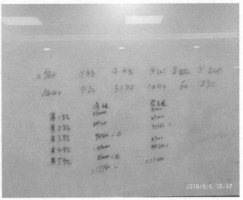

引导问题

1. 游戏开始前，你是否意识到等待会造成如此巨大的浪费？

2. 通过这个游戏，你学到了什么？你的最大感触是什么？

3. 你认为我们团队在哪些环节存在等待浪费？可以如何优化？

经验与教训

虽然 1 分钟只有 2 元，但我们观察游戏结果发现，2 元也经不起人多和时间长。同样完成一个迭代，最高成本与最低成本之间的差竟然达到了 17 760 元。当团队成员看到这个结果时，简直不敢相信，就这还是随机抽取的结果，如果是一个拖拉的团队，每个迭代都忍不住多来几个等待，"死猪不怕开水烫"的工作态度，必然会产生更大的等待成本。团队成员基于游戏的结果都进行了深入的总结与反思，每个人在自由发言时也做出承诺，认识到了等待浪费的严重性。作为团队的敏捷教练，在组织游戏时，要突出这个游戏的重点，为了起到更大的提醒作用，可以进一步拉大其间的差异，加入更多的不确定性因素，模拟得更加真实，但是，游戏的目标和目的不能改变，只能更深入和值得反思，而不能变得肤浅。

游戏步骤

为了增加互动和帮助读者朋友及时巩固和练习前面介绍的游戏，我们在下文留白，邀请大家参与记下自己的游戏步骤或以视觉化方式来表达游戏实践过程中的关键时刻。

第6章

团队成长

本章的主题为团队成长，主要围绕人、产品、运营的角度进行展开，如敏捷开发中强调的 T 型人才，可不可以个性化定义能力标尺？比如围绕产品体验，如何精简产品来提升用户体验。比如对团队成员进行系统思考与发散思维训练。比如迭代持续时间过长后的方法论再统一和面对人员频繁流动等特殊情况下的产品知识补强等等。数据支撑，理性改进，辅助团队持续成长。

T型人，个性化定义能力标尺

图解游戏

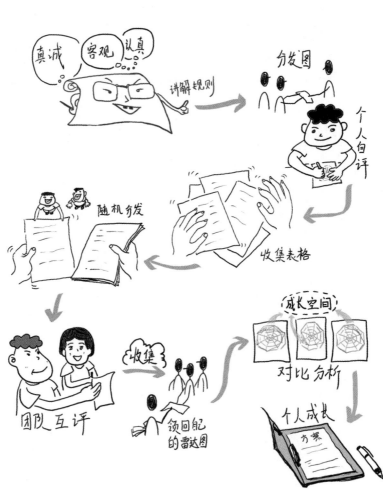

游戏名称　　成长雷达

现实抽象

敏捷 Scrum 框架中强调 T 型人才，一专多能，T 主要用来表示团队成员的知识结构特点。在敏捷团队中，我们希望所有团队成员既要有广博的知识，又要在专业方面很专精。以开发团队来讲，希望任何一个团队成员既会写前端页面，也会写后台逻辑，既会运维发布，又会做自动化测试，全栈。每个环节都可以独立完成，当其他环节出现问题时，可以随时补位，提供强有力的支持，任务在团队内部就可以有效完成，实现端到端的交付。这是我们对 T 的其中一个最常见的理解。那么，如果我们把 T 理解为一个研发人员的综合素质，这个综合素质又包含思维能力、成就导向、团队合作、学习能力、坚韧性和主动性这几个维度，是不是可以？可能是对 T 的另一种诠释，因为在目前的大多数团队中，团队内部的分工依然比较明确，前端、后台、测试和运维的角色依然共存，一人单挑四个角色的情况并不多见，如果以原来对 T 的定义来看待每一个团队成员，合格率似乎很低，并且提升起来也有很多困难，因为职业特性的因素，在团队成员有限的合作时间内，我们并不能过多要求团队成员在"其他"方面获得更大的成长，这相当于干涉了别人的成长路径，不是所有人都愿意多方面发展，也不是所有人都想和你合作。在大多数企业内部，我们并不能选择人才，这是现状，也是中国互联网行业人才供需的特情，说随便挑人，不想干就走人的说法，在大多数中小企业是不存在的。所以，如果从另一个角度来看待 T，在考虑专业深度的基础上，从另外六个维度来测评一个人，找到现实值与希望值之间的差异，更准确地找到问题，提供更有针对性的方案，是否可以更好地帮助团队成员成长，而不需要"强力干预"这个队员的成长方向，貌似更切合中国互联网企业的人才供需实际。

关键挑战

对一个人进行客观评价是很难的，而比这个更难的是不想对这个人进行评价，这种随意的评价并没有用，反而浪费时间，混淆结果。

在团队转型的前期，成员间可能并不熟悉，相互认知有限，所以对评价的客观程度、认真程度和彼此的了解程度，是有挑战的。

魅力指数	★★★★★
游戏玩家	敏捷教练和团队成员
适用人数	2 人以上
游戏时长	60 分钟
所需物料	互评雷达图和笔

互评雷达图

游戏场景　　室内培训

游戏目标

1. 提升团队成员对思维能力、成就导向、团队合作、学习能力、坚韧性和主动性几个维度的认知能力。

2. 通过互评与自评的方式，找到两者之间的空挡，发现个人可能的成长空间。

3. 起到一点点警醒与提示的作用，站在教练的角度，对团队成员有那么一点点的启发。

游戏规则

1. 团队成员需要认真且客观公正地进行互评。

2. 氛围真诚互利互助，互为导师。

3. 团队成员需要有效分析自评与互评之间的差异。

4. 游戏不分胜负，重要的是有所感悟。

5. 互评雷达图上不能写真名，只能打个特殊的可识别标签，如特殊符号以便于查找。

游戏的交互性

自评，需要对自己有一个客观而真实的认知。互评，需要对身边的伙伴有一个真实而客观的了解，一起共过事，有过深入的合作与交流。认知差异会产生认知障碍，过于真实的认知反馈以及又怕得罪人，其实中间需要平衡，游戏的目的是团队成员间可以帮助到彼此，而不是诱发不快。

可能的变化

我们站在人的角度想去影响人。当然，我们也可以站在敏捷迭代的角度客观评价迭代效率，评价迭代的成功、失败与改进空间。我们也可以站在技术方案改进的角度，也可以站在产品价值提升的角度，也可以站在自动化的角度，选准一个需要探究的角度，找到差异和改进方案，这是这个游戏的精髓，在重视自我管理的团队中，作为团队的敏捷教练，引导必不可少，自省比强制"帮扶"更有效。在实践中，敏捷教练可以有目的性的策划类似的自省改进游戏。

情绪化反应

刚开始的反应是有点懵，因为大家对几个评价维度不太理解，稍做说明后便开始进行。这时很多人无从下笔，不知道如何给自己打分，有点不好意思，缺乏对自己的判断能力，犹犹豫豫，打完分后才感觉出了一口气。这种情况在互评时也存在，但稍微有所好转。在对比时，很多队员还是很自负的，因为给自己打了很高的分，结果互评

的分与自评的分差异比较大，情绪上有所反应。

量化结果

这个游戏不分输赢，只要团队成员能认识到差异，有自我醒悟意识，有成长意识，就算赢。

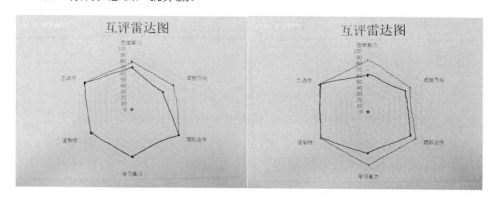

引导问题

1. 你能否接受这种自评与互评之间的差异？

2. 你以前是否会自省或意识到类似的问题？你认为这个游戏可以帮助到你吗？

3. 在团队小伙伴和你的共同努力下，你找到了相对的提升空间。对此，你觉得很有成就感，还是很忧伤？

4. 找到了改进提升的方向，你觉得自己会采取具体行动吗？

经验与教训

看到收集上来的自评结果时，还是很诧异的。很多队员都给自己打了比较高的分数。虽然满分的没有，但 70 分到 90 分的情况很多，很多队员都围绕这个值上下浮动。不能说他们是违心的表现，只是说在认知维度上有区别，有可能是缺乏真实的自我认知。我们也不能制定更加科学的客观测评手段，只能是这种相对的主观感悟测评。所以，对于测评的结果，也不做太准确的要求。在这六个维度中，我们重点关注主动性和团队合作。因为作为敏捷教练，我们期待队员有团队精神，有勇气去主动迎接挑战，迎接变化，所以，重点关注这两个维度所影响到的队员。大多数成年人是"油盐不进"的，外来的道理根本不起作用，所以，基于游戏的目的，是反省与感悟，作为团队敏捷教练的我们，主要在于引导大家发言，通过队员自己的对比分析和总结感悟来产生自我认知，而不是指挥和命令或采用"一刀切"的强制标准。

游戏步骤

为了增加互动和帮助读者朋友及时巩固和练习前面介绍的游戏，我们在下文留白，邀请大家参与记下自己的游戏步骤或以视觉化方式来表达游戏实践过程中的关键时刻。

简约主义，产品体验再提升

图解游戏

游戏名称　　　化繁为简

现实抽象

哪些功能点用得多，哪些功能点用得少？有时，我们可能会发现团队中的产品负责人只管埋头应对一个个新增的功能和无限增加的新需求，系统越来越大，功能越来越多，越来越庞杂，使用起来越来越复杂，使得新手的使用成本越来越高。很多人可能会说，不会在系统中做埋点分析啊？请问埋哪里？面对这样的困境，面对简约主义的新浪潮，团队想提升产品体验，让产品化繁为简，保留最常用的功能，优化最常用的逻辑，需要大家一起努力去想，一起去尝试，敢想敢说敢做。作为团队的敏捷教练，在长期辅导一个项目的过程中，或多或少会发现这样的问题，这就需要引导团队进行阶段化的修正，先定位到问题，然后一个一个迭代稳步修正。为了让团队成员更好、更自然地发现问题，让所有团队成员都能轻松、平等地参与到讨论当中，游戏化的工作坊是一个比较好的方式。

关键挑战

人员更替和产品文档不全所造成的认知缺失，部分人员对产品本身使用次数不多，产品在设计时考虑的场景太多，但大多数人使用的全是主流程和主场景，对其他场景几乎不使用或不知道，不太了解完整的产品功能，都会导致因为理解不到位而引起的增删建议无效或低效。

魅力指数　　　★★★★

游戏玩家　　　敏捷教练、团队成员

适用人数　　　不限

游戏时长　　　60 分钟

所需物料　　　A1 白板纸、便利贴、笔、计时器、A4 白纸、胶棒和美工胶

游戏场景　　　室内培训

游戏目标

1. 让团队成员居安思危，认识到产品精简化的重要性。

2. 认识到当前产品依然存在很大的优化空间，在产品生命周期中，要重视用户体验。

游戏规则

1. 禁止批评和评论，也不要自谦。对别人提出的任何想法都不能批判，不得阻拦。即使自己认为是幼稚的、错误的，甚至是荒诞离奇的，也不得予以驳斥。

2. 提倡自由发言，畅所欲言。

3. 引申联想，鼓励巧妙地利用和改善他人的设想，受别人的设想启发形成新想法。

4. 目标集中，追求设想数量，越多越好，而不纠结于提出的设想质量。

5. 人人平等，各种设想全部记录在便利贴上。

6. 把团队所有成员的想法进行归类，分成 3 到 7 类。

7. 团队代表在呈现时，尽力呈现可以执行的行动计划。

游戏的交互性

有团队成员对产品的了解可以打 90 分，有些团队成员对产品的了解可能只能打 59 分，加上使用场景和使用体验的不同，在精简功能上可能存在不小的差异，在辩证讨论阶段，团队成员需要进行广泛且开放性沟通，最终达成相对一致的理解。

游戏步骤

1. 游戏规则讲解。

2. 敏捷教练简要阐述当前产品可能存在的问题及期待的精简方向。

3. 团队成员把各自的观点写在便利贴上(建议 5 个以上)。

4. 组内讨论，对观点进行归类整理(建议 3~7 类)。

5. 观点归纳，制订行动计划。

6. 选派代表进行观点及行动计划呈现。

7. 团队回顾总结。

可能的变化

对现有产品功能进行梳理精简。对于精简或者简约这个话题，可以是研发过程的精简，也可以是管理流程制度的精简。对于产品来说，期待通过精简来提升用户体验。对于管理流程的精简来说，可以提升本公司内部员工的工作体验，实现价值驱动。不论是驱动产品价值，还是驱动员工创造更好的价值，都符合敏捷的精神，敏捷教练在游戏设计过程中，围绕着精简或简约，可以展开很多话题。

情绪化反应

这个游戏过程会带来比较大的情绪化反差，可能很多团队成员会惊讶地发现，原来这个产品竟然有这样的功能，然后开始进行好奇的产品体验，自己开发的产品，竟然有些功能自己还不知道。我们还发现，一些不常使用自己产品的团队成员，会主动打开产品，认真点来点去，力争找到不需要的功能。

量化结果

游戏不分输赢，只要能说出自己的优化或精简想法就可以。

引导问题

1. 你对其他团队成员提出的需要精简的地方感到惊讶吗？认同吗？

2. 说是精简，为什么反而会提出很多新的需求？你如何看待这个问题？

3. 对于如何精简和如何提升用户体验，你有什么好的建议？作为团队的一分子，你自己会如何做？

经验与教训

游戏中涉及的产品可以尽早公布，以便团队成员有备而来，避免

在游戏过程中查看产品功能，这会影响游戏效果。对于游戏过程中，团队任何成员产生的观点，尽力不要评价是非对错。简约并非删除，可以是删除产品现存的冗余功能，也可以是优化现有的产品功能逻辑，当然，如果有什么功能可以弥补现有产品的功能缺失，进一步提升用户体验，也是可以增加功能的。所以，对于简约范围的理解，也有所扩大。再有，就是产品的简约化，不是团队说了算，也要结合业务方的建议、产品的整体规划、团队的技术能力、公司的战略目标与年度重心，所以，邀约人群也是学问，团队内部总结自省是一方面，如果在讨论人群中加入部分粉丝用户，可能会起到更好的效果，多方融合，从不同的角色来一起阐述问题，所达到的共识更有说服力，更有针对性和可操作性。

游戏步骤

为了增加互动和帮助读者朋友及时巩固和练习前面介绍的游戏，我们在下文留白，邀请大家参与记下自己的游戏步骤或以视觉化方式来表达游戏实践过程中的关键时刻。

直面数据，数据透视之问题改进

图解游戏

准备工具

EXCEL
统计表

规则讲解

游戏名称　　　Bug 大王

现实抽象

迭代过程中，有些团队成员写的代码很随意，不注重自测和把控代码品质。出现这种情况，可能与心态有关，也可能与能力有关。但心态可能是最大的问题，多数人可能会认为，开发人员就是写代码实现功能，测试人员就是测试代码品质与功能实现的准确性、完整性和稳定性等。大家各有分工，作为开发人员，自己只需要写完代码交货就可以，不用自测，不用联调，不用视觉走查，因为发现 Bug 是测试人员的事情。其实如果让测试人员发现 Bug，然后截图、录视频、记录重现步骤再提交到系统中记录，最后流转到开发人员解决，中间所耗费的时间和资源比开发人员直接自测所耗用的资源和时间更多。并且，很多 Bug 是非常低级的，有些开发人员提交测试后，流程都不通，简单的冒烟测试都通不过，这完全是不走心的表现，是态度问题。为此，有必要提高代码品质，让团队成员重视产品的品质，提高研发效率，认识到产品质量人人有责。作为团队的敏捷教练，要策划一个跨迭代或持续几个迭代的游戏和竞技方式，以对比的策略来凸显差异，让人反省。

关键挑战

这是一个持续性的总结游戏，时间跨度比较长，要横跨一个迭代，持续性的坚持是个挑战。对研发人员的自测要求更高，品控的要求更高，要加强自律与自管理，从个人自我要求的角度来讲，要提升到一个新的高度。

魅力指数　　　★★★★★
游戏玩家　　　敏捷教练和团队成员
适用人数　　　不限
游戏时长　　　一个迭代
所需物料　　　Excel 软件
游戏场景　　　室内游戏

游戏目标

1. 期待团队成员可以更加重视产品品质、重视自测并提高对自己的要求。

2. 提升团队成员的荣誉感与廉耻心。

游戏规则

1. 开发人员在提交测试前需要自测，标准是通过 AC。

2. 提交测试后被测试人员发现的 Bug 都将被记录到 JIRA 中。

3. 迭代结束后，统计所有团队成员解决和认领的 Bug 数，Bug 最多的人被评为 Bug 大王。

4. Bug 大王需要接受惩罚，惩罚方案二选一，写 Bug 分析报告，1000 字以上，邮件发送所有团队成员并在回顾会上进行分析总结。或是团队一人一杯奶茶(25 元/人)，单人请，不能联合，并在回顾会上进行分析总结。

游戏的交互性

开发人员对于 Bug 的认领与归属可能会产生摩擦，测试人员对于 Bug 的指向可能会与开发人员产生摩擦，毕竟，都不希望是自己的 Bug。所以，中间的确认与沟通会增多。

可能的变化

惩罚的规则可以根据项目情况进行调整，也可以设置惩罚的下限，就是惩罚的标准，如大于某个标准才惩罚。对于时间区间也可以调整，可以是一个迭代，也可以是一次发布，敏捷教练可以根据情况进行适应性调整。

情绪化反应

总的来说，这是一个不太欢乐的游戏，被评为 Bug 大王的人内心还是有不满的，Bug 最少的同学，内心的喜悦也没有外露，很谦虚地分享了一下自己的经验。

量化结果

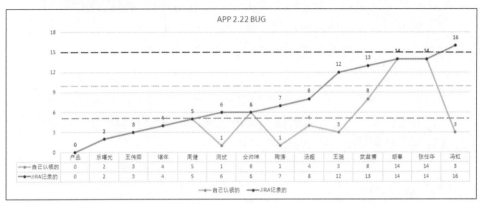

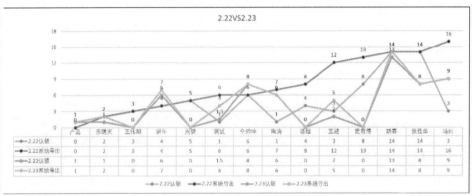

引导问题

1. 你如何看待研发自测与专业测试人员测试之间的关系？

2. 结合自己的 Bug 情况，分析一下原因。

3. 产品品质，人人有责。你是如何理解这句话的？

经验与教训

在整个迭代期间的 Bug 统计中，比如指给 A 队员 16 个 Bug，也解决了 16 个 Bug，但他认为这个迭代中他只产生了 3 个 Bug，余下的 13 个 Bug 是因为外部原因和历史遗留问题产生的，不能统计在内，所以在实际产生 Bug 和真实认领 Bug 之间是有差异的。敏捷教练需要在态度上对团队成员进行再辅导。对于团队成员来说，只要是自己的

Bug，不管是什么原因，都应该在自测中尽力发现并解决，因为如果不发现，外流给用户，产生的问题更大。心态和责任判断认知上要进行逐步的引导。作为团队的敏捷教练，这个游戏持续时间过长，需要长时间的观察，所以也不能太激进，去惩罚某个人或强烈的批判某一个行为。在整个持续观察期间，多鼓励团队成员，其目的依然是让团队成员养成自测的习惯，养成高品质的自我要求，在共同目标的驱动下，在集体考核而非单人考核的 KPI 要求下，提升自我认知，修正自我行为，服务于团队和集体的大目标。

游戏步骤

为了增加互动和帮助读者朋友及时巩固和练习前面介绍的游戏，我们在下文留白，邀请大家参与记下自己的游戏步骤或以视觉化方式来表达游戏实践过程中的关键时刻。

方法论再统一，重塑自我认知

图解游戏

准备工具

规则讲解

游戏名称　　重回考场

现实抽象

我们都知道艾宾浩斯遗忘曲线，主要描述的是人类大脑对新事物的遗忘规律。敏捷对转型团队成员来说有可能是新事物，敏捷框架与方法论对团队成员来讲是新知识。团队成员在培训阶段，经过我们敏捷教练的培训，基本掌握了敏捷相关理论知识。但是随着迭代的推进，新团队成员的加入，老团队成员对知识的逐渐遗忘，团队成员在方法论的认知上就会产生差异。不聚焦的团队目标，不统一的团队方法论，必然影响到团队统一前进的步伐，也伤害到部分团队成员。有团队成员认为开发完就应该 100%自测。有团队成员认为可以不测，这不是他的事儿。有团队成员认为，产品负责人没有把需求讲清楚，就自己理解，自己凭想象做，不需要和产品负责人再次沟通确认。有团队成员不理解用物理看板的方式公开团队自己的东西。有团队成员认为自己知道迭代中要做什么，任务不用拆。有团队成员认为，自己的任务完成就直接交给下一个环节，具体下一环节或关联环节是不是在等待，不关自己的事儿，等等。不统一的方法论会带来一系列的团队管理问题，最终影响到迭代的成功交付，降低团队凝聚力。所以，在团队转型一段时间后，有必要让团队成员再次统一方法论。

关键挑战

需要回忆，需要接受新的因子，有些人已经很熟悉，有些却已经很生疏，因而在学习态度上和意愿程度上会有很大的差异。整个培训要设置得比较有趣，容易接受，让普通团队成员静下心来接受复训。

魅力指数　　★★★★★
游戏玩家　　敏捷教练和团队成员
适用人数　　不限
游戏时长　　30 分钟
所需物料　　知识点填空

知识点填空

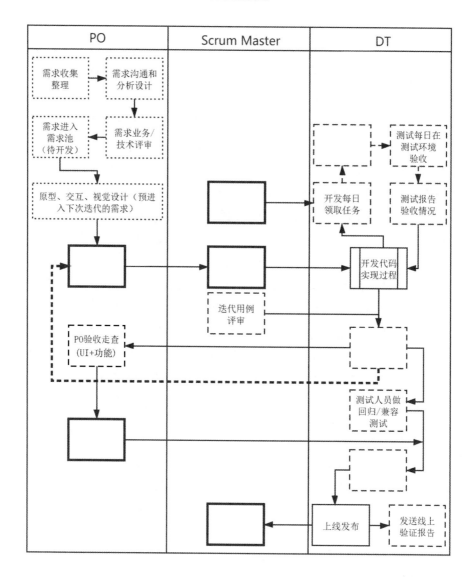

游戏场景　　室内培训

游戏目标

1. 敏捷知识复训与识记。

2. 团队方法论再统一。

3. 团队步调再统一。

游戏规则

1. 在知识点温习时要认真倾听。

2. 在填空答题环节不能交流与互相参考。

3. 一共 100 分，一题 10 分，填空正确得 10 分，填空错误或不填得 0 分。

4. 游戏分胜负，得分最高的团队成员将获得一份"星 X X"下午茶，如出现平分情况，得分相同的两个人或多个人都可获得相同价值的下午茶奖励。

游戏的交互性

在这个游戏中，前期的交互仅限于团队成员与敏捷教练之间，是单纯的知识传递与温习回顾。中间的交互是团队成员与试卷之间，成员之间没有交流。在评分获奖时，是经验分享。

可能的变化

可以针对某一个敏捷知识点，也可以针对敏捷 Scrum 框架，可以针对全部团队成员，也可以针对个别团队成员。敏捷教练可以基于团队成员更替情况或迭代中的表现来进行合理安排。

情绪化反应

游戏开始前的平静与游戏进行中的感叹，感叹已学内容的遗忘速度和重新学习内容再认知感慨："进行了几十个迭代，流程熟悉得不能再熟悉，但填空却不知道怎么填。"

量化结果

这个游戏分输赢，得分最高的团队成员获胜。当然，团队成员在敏捷方法论方面达成统一一致的理解，依然是最重要的。

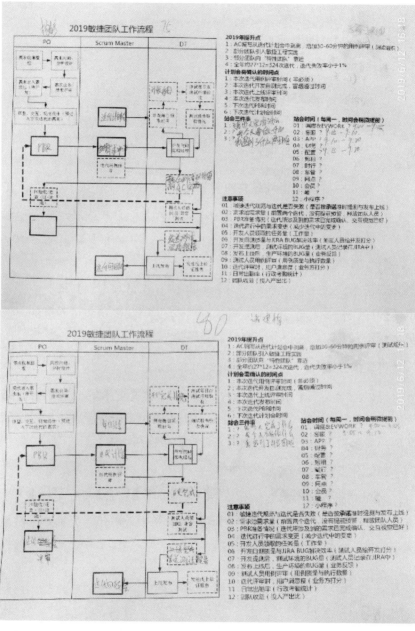

引导问题

1. 你对自己的得分感到满意吗？

2. 有人常说"理论的巨人，行动的矮子"。在敏捷开发中，你是如何保证自己的行动符合敏捷方法论要求的？

3. 如果你是敏捷教练，要去其他团队宣传敏捷，你觉得最值得宣传哪些知识点？

经验与教训

其实这不算是一个很轻松的游戏。游戏的过程以学习和分享心得为主，所以，整个游戏气氛烘托出来后，敏捷教练需要综合把握，不能感觉太压抑，让人觉得是单纯的培训和考试。也不能太过游戏化而失去学习的目的。在方法论再次统一的过程中，可以尽量多让团队成员发言，敏捷教练只说出一些关键词，围绕关键词，让团队成员进行展开，阐述对知识点的理解和实践应用感悟。基于团队成员内部的分享更加可靠、可信、可参考。还有就是培训人员的选择，不一定需要全员，在团队的跟踪辅导中，会发现有些人掌握得很好，有些人确实比较"应付"，可以针对这些人进行培训。对于培训内容，如果受限于时长，因而可以针对一个知识点进行培训，不用全领域，要控制好再学习的粒度和领域。总之，以复训的方式，尽快让全团队再次达到方法论的统一，这是目标。

游戏步骤

为了增加互动和帮助读者朋友及时巩固和练习前面介绍的游戏，我们在下文留白，邀请大家参与记下自己的游戏步骤或以视觉化方式来表达游戏实践过程中的关键时刻。

规划不够，感悟"架构"的重要性

图解游戏

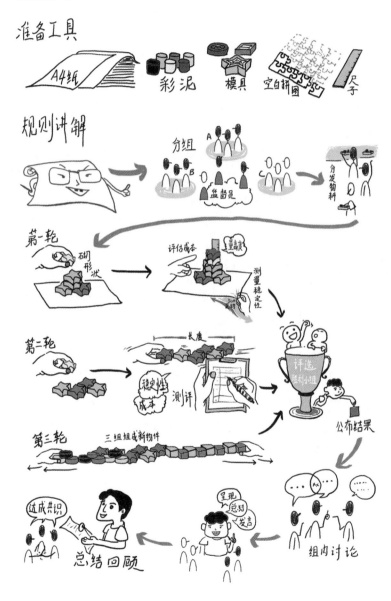

游戏名称 彩泥计划

现实抽象

从 0 到 1，从 1 到 100，工作中，从 0 到 1 的人和事儿很少，特别是对我们大多数敏捷团队成员，大多数人都在干从 1 到 100 的事。从产品的角度来讲，从 1 到 100 大多是在做一些修修补补的事儿，因为，在产品负责人入职时，产品已经存在了，想推翻重来，机会渺茫，除非有大版本大改版。所以，从修修补补的局部观到产品整体规划设计的大局观是一个质的跨越。同理，团队中的研发新人也面临着同样的问题，也是在原有系统上打着补丁，加着功能，要什么功能，加什么功能，每一个功能点就像一个小圆球，功能越多，垒得越高，反而变得越来越不稳定，逻辑不畅，Bug 频现。很多研发人员到最后受不了，只能重构。怪产品负责人没有进行整体产品规划？还是怪开发人员没有进行好的系统架构设计而导致延展性太差？还是怪后继者急功近利而没有按既定计划执行？旧人走，新人来，铁打的营盘流水的兵，如果团队中的成员没有考虑到架构设计与执行的重要性，带来的将是"倒坍""崩盘"，不必要的重构浪费，无谓的响应速率下降。因此，让团队成员养成架构意识和全局意识非常重要。

关键挑战

游戏刚开始的时候，不能讲得太透彻而导致感悟少和没有机会自省。但还得让游戏玩儿下去，体现出规划性、整体性、延续性和多变性，这对敏捷教练的引导能力是个挑战。从团队成员的角度讲，从局部思维到全局思维，从没有规划到整体规划，从不用计划到必须计划，对团队成员来讲，也是一个新的挑战。

魅力指数	★★★★★
游戏玩家	敏捷教练、团队成员和监督测量员
适用人数	3 人以上
游戏时长	60 分钟
所需物料	A4 纸、彩泥、模具、空白拼图和尺子

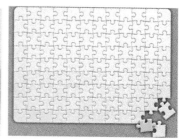

游戏场景　　室内培训

游戏目标

1. 使团队认识到在产品与技术架构设计时要注意考虑稳定性、经济价值性、可扩展性和高可用抗压能力。

2. 提升团队成员的架构意识、全局意识和责任意识。

游戏规则

1. 分为 A/B/C 三个小组，每组一个物料箱。

2. 每个物料箱装有等量的彩泥和不一样的模具。X 箱圆形模具，Y 箱为方形，Z 箱为空白拼图。

3. A/B/C 三个小组以随机抽检的方式获得物料箱，每一组只能选中一个物料箱。

4. A/B/C 三个小组在第一轮中垒砌的物体需要放在 A4 纸张上。

5. A/B/C 三个小组在第一轮中垒砌的物体需要经受住 5cm 范围内的剧烈晃动，晃动时，A4 纸不能离开桌面，要紧贴桌面进行晃动。

6. A/B/C 三个小组在第一轮中垒砌的物体，垒砌最高并且使用黏土最少的团队获胜。

7. A/B/C 三个小组在第二轮中需要对垒砌的物体进行变形，变形后可以整体拉动，变形后，以变形长度最长并且可整体拉动者获胜。

8. A/B/C 三个小组在第三轮中对变形后的物体进行高可用、抗压能力测试。首先将三个团队的物体连接在一起，然后从两端开始拉，先断开者失败，最后断开者胜利。

9. A/B/C 三个小组在游戏过程中可以使用物料箱中的模具来制作基础形状，也可以不使用物料箱中的模具来制作基础形状，具体依据团队的整体计划确定。

10. 三轮游戏的时长分别为 20 分钟，12 分钟和 10 分钟。

12. 第一轮中使用彩泥的数量和重量不限，只要不超过物料箱中提供的彩泥即可。

13. 第二轮和第三轮中不可使用彩泥。

14. 敏捷教练在游戏开始前需要把游戏规则和轮次要求提前告知 A/B/C 三个小组，方便全组成员进行整体性规划、系统性思考和全局性架构。

游戏的交互性

游戏过程中，团队成员需要群策群力，进行整体规划与系统性思考，站在全局的角度来判断问题，站在多轮次和多迭代的角度来进行产品规划与架构设计。在方案设计与整体执行阶段的争议必不可少，在不同的轮次中也会进行深度的交流，重新设计、重新架构和推翻重来，整个过程互动性很强。

可能的变化

彩泥的特点是易成形、易制作，变化无穷，可以变高、变长。也可以进行其他的异形变换，只要能体现出可扩展性、兼容性就好。游戏的轮次可以进行增删改动，调整难易程度。

情绪化反应

这是一个欢乐而好玩的游戏，充满了想象与创造空间。每一个诡异的形状被"捏"出来时，都是一个乐点。游戏过程中夹杂着欢乐。有成功也有失败。游戏结束后的总结，冷静深思。

量化结果

轮次	A组	B组	C组
第一轮	胜利	失败	失败
第二轮	失败	胜利	失败
第三轮	失败	胜利	失败

引导问题

1. 游戏带给你哪些感触？

2. 结合自身角色，请从产品规划、系统架构规划、共用方法提取和测试策略中任选一个主题，谈谈自己的下一步提升计划。

经验与教训

搭积木，盖房子，根基不稳，再浮夸的顶层与内外饰都会失去其绚丽的意义。产品设计与软件研发也深谙此理。基于其成本、稳定性和延展性等各种因素考虑，在不同的阶段，要求可能有些许的不同，但总体目标极度一致。一个考虑更加长远的设计，一个更有战略眼光的规划，带来的将是几年的稳定，长期的效率提升。一个烂的设计与规划，必将在短时间内反复推倒重来，带来的是成本的反复递增，逻辑的不可控制。这个游戏的目标是在常识的基础上去体验和感受，这也是场景化游戏的魅力所在，精髓在于不说教，而是让大家在游戏中感悟。基于感悟去悟出道理，是一种由内到外的改变，一种由内到外的反馈。作为团队的敏捷教练，游戏过程中仍然要注重引导，注意启发式反馈，多让团队说，因为主角是他们。

游戏步骤

为了增加互动和帮助读者朋友及时巩固和练习前面介绍的游戏，我们在下文留白，邀请大家参与记下自己的游戏步骤或以视觉化方式来表达游戏实践过程中的关键时刻。

投入，提升时间观念与时间效率

图解游戏

准备工具

计时器　　生死时间轴

规则讲解

不能交流

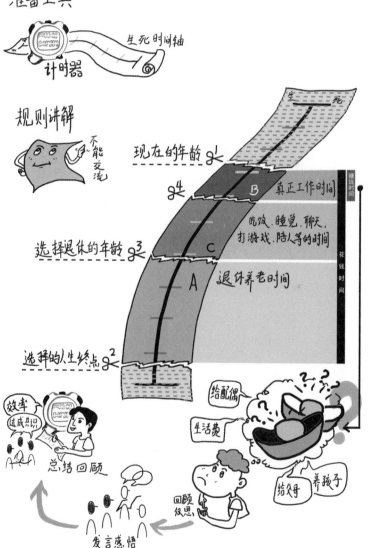

生　死

现在的年龄 1

真正工作时间　B

吃饭、睡觉、聊天、打游戏、陪人等的时间

选择退休的年龄 3　　C

退休养老时间　A

赚钱时间

花钱时间

选择的人生终点 2

给配偶

生活费

效率 达成共识

总结回顾

回顾反思

给父母　养孩子

发言感悟

游戏名称　　时光剪

现实抽象

做一天和尚，撞一天钟，团队有些人有这样的心态，他们的时间意识与时间观念比较差，工作效率低下，做事磨磨蹭蹭，拖拖拉拉。在工作时间内，时间观念不强，不能全心投入到项目中，或者直接说，就是不专注，不高效，不知道时间的珍贵，虚度时光如同浪费生命，浪费金钱，这种人或这种没有时间观念的心态，不能有效适应当下快速迭代、快速交付的敏捷开发节奏，会给整个团队的高效高产埋下隐患。作为团队的敏捷教练，有必要以游戏方式让团队成员意识到时间紧迫，在工作过程当中抓紧时间且不能每次都等到最后一刻才交付。

关键挑战

关键挑战在于是否能让团队成员静下心来进行反思。游戏氛围的营造与团队成员投入度的把控，对游戏的成功与否至关重要。游戏最大的困难在于教练的引导能力。

魅力指数	★★★★★
游戏玩家	敏捷教练和团队成员
适用人数	不限
游戏时长	30 分钟
所需物料	生死时间轴、计时器和 A4 纸
游戏场景	室内培训

游戏目标

1. 提升团队成员的时间观念。

2. 警醒与自我提升，提升时间效率。

游戏规则

1. 团队成员在游戏过程中不能有交流。

2. 游戏的交付物是时间轴对比图和反思表。

生　　　死

10
20
30
40
50
60
70
80
90
100

3. 游戏过程中，团队成员需按敏捷教练的要求进行相应的操作。

4. 游戏不分输赢。

游戏的交互性

团队成员之间没有交互，建议成员间不要交流，保持自己独立的思维与反思。团队成员只与道具有互动，撕开或撕碎。

可能的变化

游戏可以演化成迭代时间盒，长度变成迭代长度，撕掉迭代过程中的每一点损耗，找到真正用于开发或专注投入到项目中的时间。至于具体的演化，敏捷教练可以根据实践中的情况进行模拟调整。

情绪化反应

游戏刚开始，团队成员还不太重视。随着游戏的进行，团队成员变得静默。也可能，开始有一点点伤感。没有意识到的问题，逐渐开始意识到，不想知道的问题让自己知道。

量化结果

这个游戏不分输赢，只要团队成员的内心能产生波澜，能提升个人的时间观念，就是胜利。

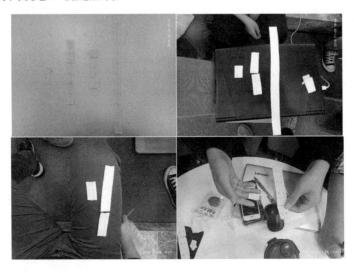

引导问题

1. 结合刚才的游戏，请问你现在有何感想？

2. 请问你会如何看待你自己的未来？

3. 结合到敏捷开发，短短 10 个工作日，我们又将如何高效地度过每一分每一秒，如何完成高品质的成功交付？

经验与教训

游戏开始阶段非常安静，也需要保持安静，主要是给团队成员营造一个相对安静的思考氛围，因为这不是一个开心搞笑的游戏，注重的是反思和总结。游戏中沉重的话题涉及一个人的一生，很多人可能根本没有考虑过这样的话题，也没有对比和权衡过赚钱与花钱的巨大时间反差。在一个人完全没有自我觉醒的前提下，一下到"人生"高度，很多人会发懵，无所适从。作为敏捷教练，我们要让每个人独立思考，自己去做决定和判罚。每个人基于自己撕掉的纸条长度与最后保留的结果来判定个人的效率，其实也是对自己成长方向或是人生轨迹的一种判定。

游戏从人生入手，但其引向的不只是人生的反思与规划，引向的是项目与迭代，是产品与价值创造，是期待团队的改进点，是希望团队成员可以在迭代中提升开发效率，提升研发效能，节约时间，减少浪费，所以，敏捷教练要充分发挥引导作用。

游戏步骤

为了增加互动和帮助读者朋友及时巩固和练习前面介绍的游戏，我们在下文留白，邀请大家参与记下自己的游戏步骤或以视觉化方式来表达游戏实践过程中的关键时刻。

系统思考，全局视角看问题

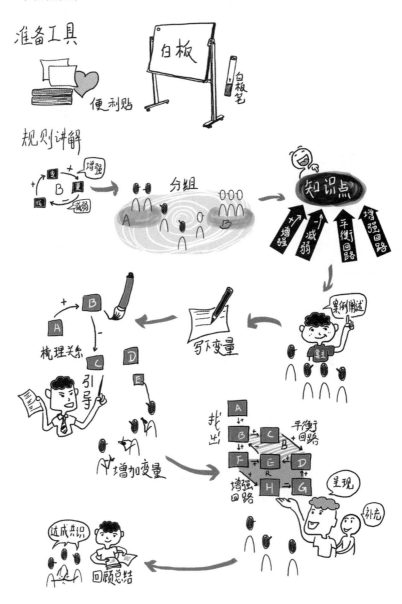

游戏名称 回路

现实抽象

敏捷团队中有 Scrum Master、产品负责人和开发团队三个角色，不同角色看待问题的视角存在着差异，难道有谁比谁能站在更高的高度和更全的视角来看问题？其实不是，实际希望是大家能站在一样的、全局的视角来看待整个团队和整个产品，不要站在自己的岗位视角上只考虑自己，不考虑别人。当然，有因必有果，任何问题的产生都是有原因的，任何问题的产生，都会对其他的事项产生影响，每个问题表象的背后，都有很多影响此问题的变量。类似这样的问题，不是每个团队成员都懂的。发生问题时，有些团队成员可能只知道片面地看问题，只知道抱怨，而不静下心来认真反思原因及问题之间的关联以及与自己又有什么关系，想一想如何消除这样的问题以更好地帮助团队？

作为团队的敏捷教练，需要用系统化的思维来武装团队成员。系统思维就是对事情进行全面思考，不只就事论事，而是把想要达到的结果、实现该结果的过程、过程优化以及对未来的影响等一系列问题作为一个整体系统进行考量。这是一种逻辑抽象能力，也称为整体观或全局观。作为团队的敏捷教练，我们有必要让每一个团队成员都学会系统化的思考方式，遇到问题后多互助、少抱怨，多解决问题、少制造问题，多找到根因、少做表面文章。游戏化的宣导与练习很不错，寓教于乐，刚柔相济。

关键挑战

首先，团队成员有可能是第一次接触系统思考，不了解其基本概念。其次，团队成员需要基于既定的议题设计变量，需要协同找出变量之间的正负相关关系，并统一对外输出口径。如果没有接受过系统思考的培训，在游戏刚开始会有一些难度。最后，部分团队成员原来只考虑自己，缺少对总体的考虑，所以，突然转变思维方式也难。

魅力指数 ★★★★★

游戏玩家　　敏捷教练、团队成员和监督员

适用人数　　4人以上

游戏时长　　60分钟

所需物料

便利贴、白板笔、白板、基础变量(业务对开发的信任、透明性、业务给的压力、走捷径的次数、工作量、估算时长、技术债务和成功交付的概率)

游戏场景　　室内培训

游戏目标

1. 提升团队成员的系统思考和全面思考能力。

2. 使团队成员可以更成熟、更全面地看问题。

游戏规则

1. 我们把一个项目中涉及的各个关联因素称为变量，比如项目中的工作量、项目的透明性和团队成员能力等。一个项目中有无数的关联变量。

2. 团队成员在练习系统性思考时，可以使用游戏中提供的基础变量，并可以在基础变量的基础上增加新的变量。

3. 团队成员也可以基于自己团队的案例，设计符合团队特性并聚焦于案例的具体的基础变量，可以不用游戏中提供的基础变量。

4. 团队成员需要群策群力，找出变量之间的相关关系。

5. 在游戏中，变量之间的关系有正相关和负相关两种关系。

6. 每一个变量需要单独写在便利贴上，方便描述不同变量之间的关系。

7. 变量之间必须用正负相关关系进行连接，具体的连接线如下图示例所示。

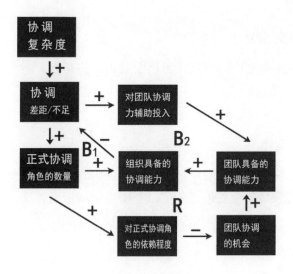

8. 正相关关系用_+_>表示，代表增强。

9. 负相关关系用_-_>表示，代表减弱。

10. 多个变量之间可以形成回路。回路分两种，一种是增强回路，用 R 表示。一种是平衡回路，用 B 表示。

11. 回路有方向，在判断是平衡回路还是增强回路时，只统计同一方向上的+ 、- 。

12. 一个回路代表一个完整的变量连接圈，即所有连接变量的箭头方向一致，可以连接成一圈，箭头的方向不变。

13. 一正一负为负，正正为正，负负为正，正负为负，规则以此类推。

14. 平衡回路为+-。如+-、++-、--- 、+-+--都是平衡回路。

15. 增强回路为++。如++、+++、--、----都是增强回路。

16. 游戏中，团队成员要找出变量之间的平衡回路与增强回路。

17. 把团队成员人为 A/B 两组，所有组员都要参与变量关系的相关性分析。

18. 敏捷教练可以随机从 A/B 两组中分别选出一个人来讲。

游戏的交互性

因为视角和立场的不同，虽然面对相同的变量，不同的团队成员可能产生不同的理解，在这种理解差异中，团队成员之间需要在频繁的交流与互动中找到平衡。

可能的变化

团队可以增加新的变量，没有绝对正确的答案，只要符合逻辑，能引起团队成员的全局思考就可以。如果团队情况特殊，可以策划并使用全新的变量，具体要结合项目实际情况展开。

情绪化反应

这是一个欢乐的游戏，同时也是一个烧脑的游戏，特别是在游戏中，团队成员一直在苦思变量之间所谓的"正负"相关关系，紧缩眉头，托着下巴，神情凝重。

量化结果

这个游戏不分输赢，只要团队成员能理解变量间的逻辑关系，学会全面思考，相互理解和包容就是超越自我的胜利。

引导问题

1. 影响迭代成功高品质交付的变量因素有很多，你以前只关注了哪些？

2. 基于游戏过程和结果，你最大的感悟是什么？

3. 在以后的迭代开发中，如果再出问题，你会以什么样的思考方式来分析和解决问题？

经验与教训

基于游戏的过程与结果，团队成员深刻反思。原来，作为团队中的一颗螺丝钉，只知道做好自己份内的工作，并没有综合考虑过这么多变量间的关系，也没有考虑过如果其中一环做不好会给其他环节带来什么不良的影响。通过这次的游戏，大家知道了项目中各个变量之间错综复杂的关系，在以后的工作中，要做好本职工作，多多"助攻"良性循环，不要"助攻"恶性循环。

作为团队的敏捷教练，通过这个游戏触动了团队成员的系统思维神经，达到了预期的目标，对团队以后的自组织与自管理也非常有帮助。在组织游戏的过程中，因为涉猎面的原因、思维方式的原因、方法掌握的原因，敏捷教练要合理、适度融入到团队的讨论分析中，适当的助推，对变量的选择与引入，也可以进行适当的引导，围绕游戏目的进行全力助攻。

游戏步骤

为了增加互动和帮助读者朋友及时巩固和练习前面介绍的游戏，我们在下文留白，邀请大家参与记下自己的游戏步骤或以视觉化方式来表达游戏实践过程中的关键时刻。

发散思维，原来不敢想的事儿

图解游戏

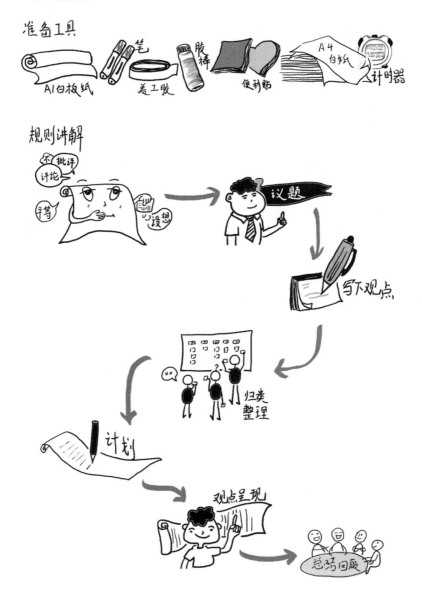

游戏名称　　网红网红

现实抽象

网红拥有众多的粉丝，可以说是一呼百应，每个话题都能炒到上热搜。很多网红，不论是一句话，一个点评，还是一个动作，一个穿着打扮，都能成为大众的谈资。公司一直在努力打造自己的品牌形象，在市场宣传方面也下足了力气，投入了很多，但相对规整刻板，塑造出来的形象一直无法媲美于网红。分析产品的目标用户群体，结合现有粉丝现状，我们是不是可以尝试从另一个视角来进行宣传推广？网红奶茶，网红面包，网红店铺，网红人，公司是不是也可以打造成一家网红公司？群策群力，一起想办法，发动团队成员，以头脑风暴的形式进行创新型发散思维，突破现有的自我，突破现有的公司形象与宣传策略，找到行动方向，向着网红一点点迈进，力争赶上网红经济的快车。

关键挑战

团队成员需要突破传统思维与公司固有文化体系造成的思维方式，要超越自我，敢于想像，敢想敢说，结合公司定位与品牌形象，找到合适的网红塑造突破口，对个人来说，是有挑战的。

魅力指数　　★★★★★

游戏玩家　　敏捷教练和团队成员

适用人数　　不限

游戏时长　　60 分钟

所需物料　　A1 白板纸、便利贴、笔、计时器、A4 白纸、胶棒和百变贴

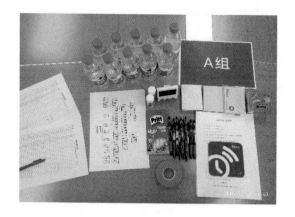

游戏场景　　　室内培训

游戏目标

1. 突破团队现有思维，提升团队成员的创新性思维。

2. 在开发工作之外，为公司运营能力提升，新品牌形象塑造建言献策。

游戏规则

1. 禁止批评和评论，也不要自谦。对别人提出的任何想法都不能批判，不得阻拦。即使自己认为是幼稚的、错误的，甚至是荒诞离奇的设想，也不得予以驳斥。

2. 提倡自由发言，畅所欲言。

3. 引申联想，鼓励巧妙地利用和改善他人的设想，受别人的设想启发形成新想法。

4. 目标集中，追求设想数量，越多越好，而不纠结于提出的设想的质量。

5. 人人平等，各种设想全部记录在便利贴上。

6. 把团队所有成员的想法进行归类，分成3～7类。

7. 团队代表在呈现时，尽力呈现可以执行的行动计划。

游戏的交互性

团队成员间需要就已经发表的观点进行充分讨论与归类总结，形成统一行动计划并进行汇报呈现，中间需要反复沟通和协商。

可能的变化

游戏步骤可以增加，也可以删除最后一个。可以有明确的结论与行动计划，也可以只是归纳总结。可以是文字表述，也可以图形化展示。整个游戏中，每个环节的时长也可以根据游戏要求进行合理的调整。

情绪化反应

在议题阐述阶段，团队成员认真倾听。在激荡思维阶段，每个团队成员都认真写。在观点分类归纳总结阶段，团队成员全情投入，认真参与到分析归类当中。在总结陈述阶段，情绪稳定，逻辑缜密，板书清晰。

量化结果

游戏不分输赢，以获取优质发散性和创新性想法为主要目标。

引导问题

1. 网红小哥、网红车、"控屏"、"杠精"、大 V、抖音小视

频、二次元和 IP 化等，作为研发人员的你想到过这些吗？

2. 敢想、敢做和发散思维，对我们的研发工作有什么启示？

3. 如何看待自己与公司这样的命运共同体。

经验与教训

成为一家网红公司，从话题的性质范畴来讲，已经突破了团队的责任范围，因此在游戏过程中，可以适当邀请公司经营管理层参与其中，为思路想法的上传下达起到有效的纽带和指引作用。为经营管理层建言献策。当然，团队在游戏话题选型时，可以事先与经营管理层的某领导沟通，话题的选择不要放在业务战略层面，要尽量可操作，易执行。

此外，游戏规则的制定和活动开始前的宣讲也十分重要，毕竟游戏规则是整个游戏过程顺利进行的有力保证。最后是整个游戏过程中的控场。团队的敏捷教练要合理引导与提醒。如果在游戏的过程中有多位公司经营管理层参与，可以在游戏中加入主持人的角色，让公司的某位高层来当，敏捷教练可以在游戏组织前后及现场控制方面予以协助。

游戏步骤

为了增加互动和帮助读者朋友及时巩固和练习前面介绍的游戏，我们在下文留白，邀请大家参与记下自己的游戏步骤或以视觉化方式来表达游戏实践过程中的关键时刻。

产品知识补强，人员频繁流动特情下的快速补位

图解游戏

游戏名称　　魅力抢答

现实抽象

铁打的营盘流水的兵。在互联网公司，人员流动比较频繁，团队中的任何一个角色都有可能离职，很多团队中也存在文档不全的现象，不论是最简单的功能清单还是稍微复杂点的交互文档、产品设计文档和数据库设计文档等。2 年以上的 APP 产品，在 200 人以下的研发团队中，相信会有零零碎碎的文档，但少有能让所有人看得懂的规范化、体系文档。基于人员流失交替的频繁性，基于人员交接的断层影响，基于部分人员的责任心缺失，两年后，团队中几乎没有人了解一个产品完整功能。我带过一个团队，有 20 多个人，两年多下来，产品、开发和测试相继更换，只有项目经理一人没换，整个产品不是产品负责人最了解，反而是这个项目经理最了解，加入了一年的产品负责人，也不知道这个产品到底有多少功能。还有一些团队因为产品负责人和开发人员的离职更替，留在团队的测试人员反而最懂产品功能。遇到多团队协作开发时，弊端就暴露出来了。面对这种现状，有必要在团队内部组织一次对产品功能的全面学习工作。游戏化的抢答比赛可能是一种比较好的方式，即不太死板，又不太丢面子，还有娱乐性。

关键挑战

游戏的关键挑战在于游戏中问题的设计，问题类型和难易程度都需要有个度，对每个敏捷教练来讲，是个不小的挑战。此外，游戏过程中所使用的抢答机制和奖励机制，对敏捷教练也是挑战、为了有激励性，一定要认真设计。对团队成员来讲，关键挑战在于对产品业务及功能知识的掌握。

魅力指数　　★★★★★
游戏玩家　　敏捷教练和团队成员
适用人数　　不限

游戏时长　　　每次 60 分钟

所需物料　　　产品业务及功能知识点抢答题表

游戏场景　　　室内培训

游戏目标

1. 提升团队成员的业务能力。

2. 使团队成员认识到对产品功能全局学习的重要性，在迭代开发过程中，有全局意识和系统意识，突破自我限制，使开发出的功能更有前瞻性和兼容性，避免开发的反复与推倒重来。

游戏规则

1. 游戏分个人抢答和集体抢答，有两个轮次。

2. 个人抢答环节 10 题，集体抢答环节 10 题，淘汰赛题 1 道。

3. 在敏捷教练宣读完题目并说"请答题"后方可作答。

4. 个人抢答环节，答题时间为 40 秒，答对加 10 分，答错、未回答或答题超时不得分。

5. 个人抢答环节，只能由小组推选的抢答人员参与抢答。

6. 集体抢答环节，答题时间为 60 秒，答对加 10 分，答错、未回答或答题超时扣 10 分。

7. 集体抢答环节，抢答题可由本队任意一队员主答，主答队员回答时其他队员可以小声提示，主答队员回答后如答题时间未到，该队的其他队员可以补充回答。

8. 团队成员在比赛中须认真听题，不得要求敏捷教练重复念题。

9. 对于抢答结果，敏捷教练根据标准答案直接给出裁判结果。

10. 游戏分胜负，得分最高的小组获胜，将获得 1000 元团建费用。

11. 如出现平局的情况，将进入加时淘汰赛阶段，淘汰赛使用个人抢答规则。

游戏的交互性

这个游戏在个人抢答环节的交互主要体现在被推荐队员与敏捷教

练之间。在集体抢答环节主要体现在团队成员间，为了获得胜利，亲密互助，快速给出正确答案。

可能的变化

游戏的计分规则可以进行调整，可以扣分。游戏的激励条件也可以基于团队的实际情况进行调整，游戏的题目也可以由队员来出，一人出两三道题，这样人们的参与度更高。但需要提前准备，否则游戏时间太长。

情绪化反应

预热时，团队成员还是比较平静的。听到 1000 元的团建队员的奖金时，开始兴奋起来，都想找到最牛的队员。这时，业务知识强的优势就来了，大家争着要。游戏竞赛开始后，气氛热烈起来，人也变得兴奋起来。在回顾总结时，团队成员非常诚恳地，总结了团队及自己存在的问题。

量化结果

阶段划分	A 组	B 组
个人简答	20	80
集体抢答	40	60

经验与教训

因为个人角色定位和职责的问题，部分研发人员可能不想学习产品功能，认为没有必要。比如，前端人员可能会说："我就是画画页面，不需要懂产品的业务逻辑。页面做好，和后台的接口对接好就可以了。业务逻辑，有后台开发人员，我不需要知道。"部分后台开发人员觉得："我只要懂我这一块儿的业务逻辑，别的我不需要关心。我不常用到，没必要学。"多数人不会主动去学习职责范围以外的东西。作为团队的敏捷教练，在团队业务知识增长与提醒方面，要发挥积极的作用，帮助新来的及需要业务知识增长的队员实现个人提升。

游戏步骤

为了增加互动和帮助读者朋友及时巩固和练习前面介绍的游戏，我们在下文留白，邀请大家参与记下自己的游戏步骤或以视觉化方式来表达游戏实践过程中的关键时刻。

破窗效应，防患于未然下的查漏补缺

图解游戏

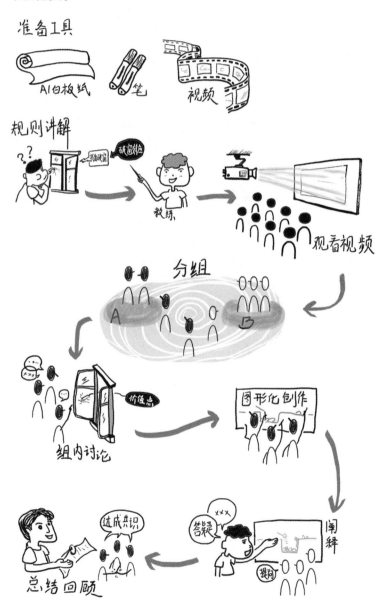

游戏名称　　破窗

现实抽象

"千丈之堤，以蝼蚁之穴溃；百尺之室，以突隙之烟焚。"在《韩非子·喻老》一篇中已经预示，任何一点小错误的积累都有可能带来巨大的灾难性后果。基于圣贤先辈言论的感悟，我想起另一个词"破窗效应"。以一幢有破窗的建筑为例。如果不修好，可能将会有破坏者破坏更多的窗户。最终他们甚至会闯入建筑内，如果发现无人居住，也许就在那里定居或者纵火。一面墙，如果一些涂鸦没有被清洗掉，很快，墙上就乱七八糟，不堪入目。一条人行道有些许纸屑，不久后就会有更多垃圾，最终人们若理所当然地将垃圾顺手丢在地上。破窗效应给我们的启示为，任何一种不良现象的存在，都在传递着一种信息，这种恶性传导使不良现象逐步扩张。我们必须防患于未然，一旦有破窗，就应该及时修补，将这种恶性传导的可能性扼杀于萌芽中。

映射到我们的日常软件研发中，也存在着类似破窗行为。比如，有个程序员和别人合作开发一个项目，别人的代码写得逻辑流畅，代码简洁，注释清晰，但他就是乱写，为了完成任务，写了很多脏代码。代码很不整洁，让其他团队成员很难看懂。这样，当这个人离职或换新人来接手工作时，没有人看得懂他写的代码，越看不懂越不想看，就会失去耐心。这时，这段代码就可能被抛弃，重写而增加开发成本。软件开发涉及方方面面，每一面都是一扇窗，作为团队的敏捷教练，我们建议团队不要打破第一扇窗，即使打破了也要赶快修，不然软件就会有破窗效应，慢慢变成"火坑"。敏捷开发的一个重要目的就是消除浪费，防止破窗效应的发生。事情如果太难和流程太重，那就拆，让每一步变得相对简单一些，流程太长，太复杂，就把流程简化、弱化和合理化，尽量扫清软件开发中的障碍，消灭形成破窗的环境。

关键挑战

团队成员需要理解什么是破窗效应，并要学以致用，结合研发过

程现状来发现相应的破窗效应，并进行图形化阐述，讲解其中的现象规律，找到破解点，以实现降本增效、个人单产效益最大化与个人绩效最大化。

魅力指数	★★★★★
游戏玩家	敏捷教练和团队成员
适用人数	不限
游戏时长	60 分钟
所需物料	破窗谬论视频、白板纸和白板笔
游戏名称	室内培训

游戏目标

1. 提升团队成员的责任意识，防止破窗效应的发生。
2. 查漏补缺，警醒示范。
3. 提升团队成员的系统思考能力。

游戏规则

1. 每个团队需找出当前团队已经存在或可能存在的破窗。
2. 每个团队需找出如果没有破窗效应可以产生的价值点。
3. 破窗与价值点间的价值转换需用图像化的方式进行阐释。
4. 辩证逻辑要符合破窗谬论，看似合理，其实不合理。
5. 游戏需在规定的时间内完成。

游戏的交互性

团队成员需进行充分沟通，就团队内部存在的破窗事件达成共识，然后就浪费的资源、可以提升的效益和价值点达成共识。在谬论与价值点图形化的过程中，更需要集思广益、团队成员间紧密合作，才能让整个展示过程看起来逻辑顺畅，辩证合理。

可能的变化

这个游戏不太限定人数，可以是几个团队一起合着玩儿，团队数量可以有变化。在分组时也可以进行变化，可以按角色分，也可以按团队分,这都是基于不同的岗位背景和团队背景来说的。特色明显的分组更有助于团队找到沟通的共鸣点。

情绪化反应

大家刚开始很认真、很平静地看完了关于破窗效应的视频,然后等真正结合到项目时,出现了短暂的迷茫。稍加解释后,情绪有所好转,开始进行热烈的讨论。在如何进行图形化展示时,又陷入了深思。在最后的团队呈现阶段,全体队员集中精力,都非常认真。

量化结果

游戏不分输赢,游戏的目标为通过对破窗效应的理解,迁移延伸到自己的项目,从需求、开发、测试和架构等多维度去发现可能出现的破窗现象,尽力避免,严以律己,多填坑,少挖坑。

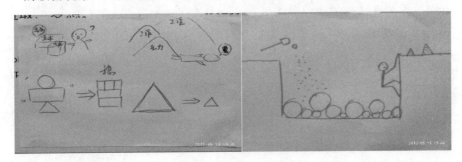

引导问题

1. 在游戏前后,你的情绪有怎样的变化?
2. 你有什么样的感触,觉得学到了什么?
3. 结合自己的项目和团队,你觉得接下来应该怎么做?

经验与教训

基于破窗效应的团队回顾总结,从产品端的产品需求整体规划,到前后端架构规划与编码规范,再到测试验证时的综合把控与跨项目沟通,每个团队成员都讲了很多。作为团队的敏捷教练,我们其实期待团队成员可以真正理解到"坑"的危害性,从而合理规划,从综合层面提升团队效能。

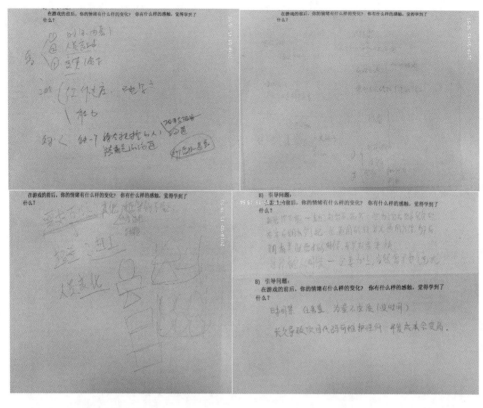

在整个游戏的过程中，不免会有队员提出因时间紧张、人员变动和需求变更等客观原因带来的"坑"，更有因个人工作态度不端正或工作能力问题而带来的主观的"坑"。不论"坑"最终归结于什么原因，必将带来大厦的"倾覆"。通过游戏的感悟与反思环节，团队成员都认识到了"坑"的危害性，纷纷承诺在整个产品开发周期中减少挖坑，多多填坑。

游戏步骤

为了增加互动和帮助读者朋友及时巩固和练习前面介绍的游戏，我们在下文留白，邀请大家参与记下自己的游戏步骤或以视觉化方式来表达游戏实践过程中的关键时刻。

主动求解，在聆听与反馈中共同成长

图解游戏

游戏名称　　鱼水情

现实抽象

敏捷开发中，每个迭代开发完成后，我们会召开一次团队回顾会。在回顾会中，团队成员基于自己在这个迭代中发现的问题，不论是好是坏，归类为优点项、改进项和禁止项，以这种方式提出，然后敏捷教练归类找出共性的问题，让团队成员自己提出改进性方案并在下个迭代中进行重点跟进和落地执行。

我们现在反思一下这个过程或是这个回顾的目的。基本回顾的都是别人的问题，都是站在自己的角度看别人或是看别的事儿，而不是拿自己"开刀"并主动面对真实的自己。作为团队的敏捷教练，在辅导团队成员进行个人提升时，也会针对自己发现的问题，给团队成员提出一些建议性改进与提升方案，但这些问题也是基于观察或出了问题后才发现的，也是被动的。即使有团队成员主动找到敏捷教练反馈自己遇到的问题，但解决问题的依然是敏捷教练一个人，而不是团队成员群策群力。因此，作为团队的敏捷教练，在辅导团队转型一段时间后，有必要策划一次可以让团队成员"主动求解"的游戏，对团队成员遇到的问题，每个成员都可以给予真诚的反馈建议。

关键挑战

游戏中的关键挑战在于解除伪装和真诚反馈。很多人可能碍于面子，真正遇到问题时不好意思说或不敢说，所以要有勇气。对于"鱼"来说，要学会在鱼缸中控制自己当时的心态。

魅力指数　　★★★★★
游戏玩家　　敏捷教练和团队成员
适用人数　　5 人以上
游戏时长　　30 分钟。
所需物料　　便利贴、A4 纸和笔
游戏场景　　室内培训

游戏目标

1. 打造从被动发现到主动求解的个人成长自驱力。
2. 帮助团队营造积极沟通和真诚反馈的沟通氛围。
3. 促进团队成员的改进提升与个人成长。

游戏规则

1. 团队成员需要本着真诚沟通和合作共赢的精神围坐在一起，提供真诚而恳切的反馈。
2. 游戏过程中包含"鱼"和"水"两个角色。
3. "水"需要给"鱼"提供建设性的反馈，要反馈实际情况，如何观察的、有什么改进点以及有什么期望。反馈要直接有效。
4. 如遇到"水"反馈不直接而是在绕圈子，敏捷教练要及时提醒。
5. "鱼"在接受外部的观点和建议时，不能发言，只能倾听。
6. "鱼"在倾听时如果开口说话，敏捷教练要及时提醒。
7. "鱼"在倾听完成后，需要表达感谢。
8. 每一条"鱼"需要基于大家的反馈来制定改进提升行动计划。

游戏的交互性

在游戏的过程中，交互发生在"鱼"和"水"之间，"鱼"诉说成绩与困惑，"水"提出问题与建议，看似单向沟通，其实也有双向沟通。游戏过程中的反复互动比较少，有碰撞和交互，但更多的是单向反馈。

情绪化反应

游戏开始前，大家还是热热闹闹地围坐在一起，彼此聊着。游戏开始后，第 1 条"鱼"进到鱼缸时，"水"还是比较谨慎，不好意思说得太直接。随着游戏的深入，话匣子被打开，话越来越多，不免看到激动的"鱼"想跳起来反驳，但都被"无情"的规则压了下去。从平静到激动，从激动到坦然。

量化结果

这个游戏不分输赢，能真诚地倾听和反馈，有所感悟与反思，并制定相应的行动计划，就是胜利。

引导问题

1. 当你作为"鱼"在鱼缸中倾听大家的"狂轰滥炸"时，你的心情如何？

2. 静下心来，你如何评价大家给你的反馈？

3. 基于大家的反馈，你选择对哪几点进行重点改进？对应的行动计划是什么？

经验与教训

鱼水情强调的是成员间的真诚反馈，提倡理解和互信，营造温暖关怀的组织氛围。这个游戏有利于塑造积极向上、坦诚沟通的企业文化，对员工的个人成长也具有积极意义。要想玩好这个游戏，敏捷教练要发挥关键的引导作用，要在游戏过程中营造良好的沟通氛围，对游戏场地的要求也比较高，要相对舒适和私密。不需要会议桌，大家可以围坐在一起，有没有凳子都无所谓，可以是坐在地毯上，大家彼此紧挨着，更有助于大家尽快放松下来，打开心扉，更加坦诚地交流。敏捷教练在游戏开始前要做好筹划，注重游戏规则的设置与讲解，注重现场坦诚沟通氛围的营造，以推动整个游戏的积极开展。

游戏步骤

为了增加互动和帮助读者朋友及时巩固和练习前面介绍的游戏，我们在下文留白，邀请大家参与记下自己的游戏步骤或以视觉化方式来表达游戏实践过程中的关键时刻。